北京市测绘设计研究院

房屋建筑承灾体调查设计与实践
——以北京市海淀区为例

主　编　张　译　陈品祥
副主编　顾　娟　谢燕峰

中国水利水电出版社
www.waterpub.com.cn
·北京·

内 容 提 要

本书在国家与北京对房屋承灾体调查方式方法的基础上，结合海淀区房管局需求，增加调查指标，夯实数据底图基础，利用自主研发软件，对海淀区范围内的房屋建筑进行调查。本书从数据依据、技术流程、调查指标与内容、调查软硬件系统部署、外业调查、质量检查、成果应用等方面进行了系统梳理。海淀区房屋建筑承灾体调查成果为海淀区百余栋危险房屋的摸排提供了空间及属性信息，为房屋管理工作提供了基础数据支撑，通过建立全市房屋一张底图，为北京市各委办局共享共用，提升了城市治理能力、精细化管理水平和城市建设品质。

本书可以作为海淀区第一次全国自然灾害综合风险普查房屋建筑承灾体调查工作者的工作指南；亦可为应急灾害、住房城乡建设、地震等政府部门开展灾害预警、风险防治、抗震救灾等工作提供科学指导；同时，也是一本为在校学生开展防灾减灾教育不可多得的科普读物。

图书在版编目（CIP）数据

房屋建筑承灾体调查设计与实践 ：以北京市海淀区为例 / 张译，陈品祥主编. -- 北京 ：中国水利水电出版社，2023.12
ISBN 978-7-5226-1931-6

Ⅰ. ①房… Ⅱ. ①张… ②陈… Ⅲ. ①建筑结构－风险管理－研究－海淀区 Ⅳ. ①TU3

中国国家版本馆CIP数据核字(2023)第223093号

审图号：京 S（2023）061 号

书　　名	房屋建筑承灾体调查设计与实践 ——以北京市海淀区为例 FANGWU JIANZHU CHENGZAITI DIAOCHA SHEJI YU SHIJIAN——YI BEIJING SHI HAIDIAN QU WEILI
作　　者	主编　张 译 陈品祥 副主编　顾 娟 谢燕峰
出版发行	中国水利水电出版社 （北京市海淀区玉渊潭南路 1 号 D 座　100038） 网址：www.waterpub.com.cn E-mail：sales@mwr.gov.cn 电话：（010）68545888（营销中心）
经　　售	北京科水图书销售有限公司 电话：（010）68545874、63202643 全国各地新华书店和相关出版物销售网点
排　　版	中国水利水电出版社微机排版中心
印　　刷	天津嘉恒印务有限公司
规　　格	170mm×240mm　16 开本　12.5 印张　224 千字
版　　次	2023 年 12 月第 1 版　2023 年 12 月第 1 次印刷
定　　价	**68.00 元**

凡购买我社图书，如有缺页、倒页、脱页的，本社营销中心负责调换

《房屋建筑承灾体调查设计与实践
——以北京市海淀区为例》
编委会

　　2018 年 10 月 10 日，习近平总书记主持召开中央财经委员会第三次会议，研究提高我国自然灾害防治能力。习近平在会上强调，加强自然灾害防治关系国计民生，要建立高效科学的自然灾害防治体系，提高全社会自然灾害防治能力，为保护人民群众生命财产安全和国家安全提供有力保障。

　　灾害综合风险普查是深入学习贯彻习近平总书记关于防灾减灾救灾和自然灾害防治工作重要论述的具体行动，是提高自然灾害防治能力的九项重点工程建设任务之一，是落实综合防灾减灾救灾与提高应急能力的重要举措，是全面、细致地摸清全国各种灾害的风险底数。提前防治，可以最大限度减轻灾害对人民生命财产威胁的重要保障，是解决基层防灾减灾能力薄弱、基础设施设防水平低、公众防灾避险和自救互救知识不足等基层综合减灾工作面临突出问题的重要途径，是实现经济可持续发展和国家长治久安的重要保障。

　　房屋建筑是自然灾害的重要承灾体之一，对房屋建筑单体逐栋定点定位标绘轮廓，采集外业灾害风险属性信息（主要包括基本情况、建筑情况、使用情况、抗震设防情况等），实现空间位置与属性信息的一一对应。风险评估有利于客观认识自然灾害房屋建筑风险，科学支撑灾害管理与风险防范决策。自然灾害综合风险普查房屋建筑调查是一项重大的国情国力调查，是提升自然灾害防治能力的基础性工作。

　　本书以《第一次全国自然灾害综合风险普查实施方案（修订

版）》（国灾险普办发〔2021〕6号）、《第一次全国自然灾害综合风险普查房屋建筑和市政设施调查实施方案》（建办质函〔2021〕248号）、《第一次全国自然灾害综合风险普查技术规范 城镇房屋建筑调查技术导则》、《第一次全国自然灾害综合风险普查技术规范 农村房屋建筑调查技术导则》等为指导，开展海淀区房屋建筑承灾体调查工作。通过组织开展房屋建筑承灾体调查，摸清海淀区行政辖区内灾害风险隐患底数，结合海淀区房屋管理的实际需求，掌握翔实准确的海淀区房屋建筑承灾体空间分布及灾害属性特征，掌握受自然灾害影响的人口数量、抗震设防水平等底数信息。查明重点区域抗灾能力，建立房屋建筑承灾体调查成果数据库，客观认识海淀区灾害综合风险水平，为国家和北京市、海淀区各级政府有效开展自然灾害防治和应急管理工作、切实保障社会经济可持续发展提供权威的灾害风险信息和科学决策依据。

本书共分七章，第一章从调查背景、来源、目标、对象、范围、内容以及特色对房屋建筑承灾体调查设计与实践任务进行概述，并对海淀区整体情况、房屋建筑情况以及海淀区房屋资料情况进行说明；第二章介绍房屋建筑承灾体调查设计与实践的组织管理、实施细则；第三章从设计引用文件、主要技术要求、方案实施三个方面介绍房屋建筑承灾体调查设计与实践的方案设计；第四章介绍海淀区房屋建筑承灾体调查系统管理子系统（PC端）和海淀区房屋建筑承灾体调查系统外业调绘子系统（移动端App）的软件研发情况；第五章介绍主要技术问题和建议、工作经验和技术建议；第六章介绍项目成果展示；第七章介绍项目评价和成果应用。

在本书编写过程中，查阅和引用了国内外自然灾害普查的相关资料，在此表示感谢！

本书在编写过程中得到了国家应急灾害相关部门、国家住房和城乡建设部门、北京市应急管理管局、北京市住房和城乡建设委员会及海淀区房屋管理局等单位相关专家的帮助和指导，得到了北京市房屋建筑承灾体调查承担和参与单位领导及同行的大力支持以及北京市测绘设计研究院相关技术人员的支持，同时许多房屋建筑和测绘地理信息行业专家学者在本书出版过程中提出了大量宝贵意见，在此一并表示衷心的感谢！

由于编者水平有限，编写时间仓促，书中难免存在一些缺陷或不妥之处，敬请读者批评指正，以便我们在后续进一步修改、完善本书内容。

作者

2023 年 9 月

目 录

第一章 任务概况

第一节 概 述

一、调查背景

2018年10月10日，中共中央总书记习近平主持召开中央财经委员会第三次会议，对提高自然灾害防治能力进行专项部署，针对关键领域和薄弱环节，明确提出要推动建设九项重点工程，其中，"灾害风险调查和重点隐患排查工程"位列九项重点工程之首。根据中共中央办公厅分工安排，中华人民共和国应急管理部（以下简称应急管理部）牵头组织实施灾害风险调查和重点隐患排查工程。中华人民共和国住房和城乡建设部（以下简称住房城乡建设部）为主要参与单位之一，主要负责房屋建筑和市政设施承灾体的调查工作。

实施灾害综合风险普查是深入学习贯彻习近平总书记关于防灾减灾救灾和自然灾害防治工作重要论述的具体行动，是提高自然灾害防治能力的九项重点工程建设任务之一，是落实综合防灾减灾救灾与提高应急能力的重要举措，可以全面、细致地摸清全国各种灾害的风险底数。提前防治，是最大限度减轻灾害对人民生命财产威胁的重要保障，是解决基层防灾减灾能力薄弱、基础设施设防水平低、公众防灾避险和自救互救知识不足等基层综合减灾工作面临突出问题的重要途径，是实现经济可持续发展和国家长治久安的重要保障。

二、调查来源

2021年8月20日，北京市住房和城乡建设委员会（以下简称市住房城乡建设委）组织召开北京市第一次自然灾害综合风险普查房屋建筑调查全面实施视频启动会，标志着北京市房屋建筑调查工作进入全面调查阶段。

按照"国家—省—市—区/县"实施模式，2021年9月，北京市海淀区房管局对"海淀区第 次全国自然灾害综合风险普查房屋建筑承灾体调查项目"（以下简称"房屋建筑承灾体调查"）进行公开招标，项目分为四个标段，包括三个外业调查标段及一个内业标段。2021年10月，与各标段中标方签订合同。

三、调查目标

通过组织开展房屋建筑承灾体调查项目，摸清海淀区内灾害风险隐患底数，结合海淀区房屋管理的实际需求，掌握翔实准确的海淀区房屋建筑承灾体空间分布及灾害属性特征，掌握受自然灾害影响的人口数量、抗震设防水平等底数信息。查明重点区域抗灾能力，建立房屋建筑承灾体调查成果数据库，客观认识海淀区灾害综合风险水平，为国家和北京市、海淀区各级政府有效开展自然灾害防治和应急管理工作、切实保障社会经济可持续发展提供权威的灾害风险信息和科学决策依据。

四、调查对象

调查对象为调查区域范围内实际存在的住宅类、非住宅类城镇和农村房屋建筑，涉军涉密房屋建筑和在建房屋建筑不在本次调查范围之内。

房屋建筑承灾体调查的单元是单体建筑。单体建筑是相对于建筑群来说的，建筑群中每一个独立的建筑物均可称为单体建筑。一般指上有屋顶，周围有墙，能防风避雨，御寒保温，供人们在其中工作、生活、学习、娱乐和储藏物资，并具有固定基础，层高一般在2.2米以上的永久性场所。

五、调查范围

调查范围为海淀区，包括苏家坨镇、温泉镇、上庄镇、学院路街道、花园路街道、北太平庄街道、北下关街道、西北旺镇、海淀街道、青龙桥街道、海淀镇、燕园街道、马连洼街道、上地街道、清河街道、西三旗街道、东升镇、清华园街道、万寿路街道、永定路街道、羊坊店街道、甘家口街道、八里庄街道、紫竹院街道、中关村街道、香山街道、田村路街道、曙光街道、四季青镇，共29个乡镇街道❶。海淀区行政区划如图1-1所示。

六、调查内容

调查的标准时点为2020年12月31日，即在此时间前建成的实际存在的

---

❶ 海淀区行政区划数据来源：2020年地理国情监测数据。

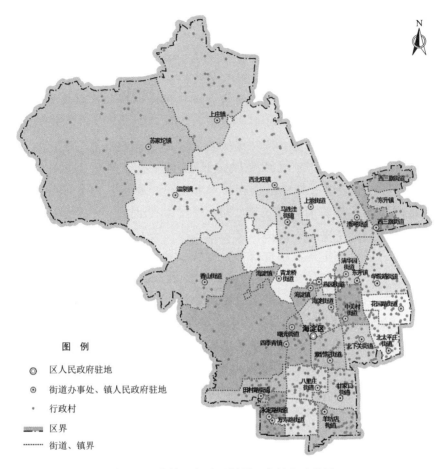

图 1-1 海淀区行政区划图（参见文后彩图）

住宅类、非住宅类城镇和农村房屋建筑（不区分是否符合建设程序，是否取得登记），涉军涉密房屋建筑和在建房屋建筑不在本次调查范围之内。

利用自主研发调查软件，包括移动端 App 和 PC 端，通过云技术，实现数据共享，经过内外业联动使用操作，提高工作效率，实现海淀区房屋建筑承灾体调查进度、各类成果及时统计分析，确保边调查边应用，提升数据服务水平，同时确保平台成果安全。

（一）外业

1. 首件生产

在全面调查开始前，开展首件生产，对技术路线、软件使用、沟通协调等内容进行全面试验，并为后期全面调查打好基础。

2. 全面调查

以分辨率为 0.5 米×0.5 米的天地图影像（在线调查时可调用天地图在线服务接口）和相关图元作为底图，使用电子采集设备（平板电脑或智能手机），利用调查软件移动端，在综合考虑采购方需求的前提下，开展房屋建筑的用途、建筑面积、结构类型、层数、抗震设防情况等信息采集，形成满足采购方要求的房屋建筑承灾体调查成果。

（1）城镇房屋建筑调查。按住房城乡建设部下发的《第一次全国自然灾害综合风险普查技术规范 城镇房屋建筑调查技术导则》（FXPC/ZJ G-02）（以下简称《城镇房屋建筑调查技术导则》）要求，结合采购方实际需要，采集城镇房屋建筑的地理位置、空间分布、占地面积等基础空间信息，以及房屋建筑的基本信息、使用情况、抗震设防等属性信息，在调查软件移动端上填报《城镇住宅建筑调查信息采集表》和《城镇非住宅建筑调查信息采集表》。

（2）农村房屋建筑调查。按住房城乡建设部下发的《第一次全国自然灾害综合风险普查技术规范 农村房屋建筑调查技术导则》（FXPC/ZJ G-03）（以下简称《农村房屋建筑调查技术导则》）要求，结合采购方实际需要，采集农村房屋建筑的地理位置、空间分布、占地面积等基础空间信息，以及房屋建筑的基本信息、房屋安全信息、使用情况、抗震设防等属性信息，在调查软件移动端上填报《农村独立住宅建筑调查信息采集表》《农村集合住宅建筑调查信息采集表》和《农村非住宅建筑调查信息采集表》。

3. 质量控制

按照"边调查、边质检"的原则，进行质量控制，并严格贯彻"两级检查、一级验收"及全过程质量检查的质量控制方式，最终形成自检报告。

4. 配合核查人员开展核查工作

配合区质检机构、市核查机构及国家巡检人员开展核查工作。

5. 成果修改

认真记录各级反馈的核查问题并进行整改，形成整改报告。

6. 数据提交

向海淀区房管局提交调查成果。

（二）内业

1. 前期准备

（1）现有数据准备。准备 2020 年的海淀区单体建筑数据、房屋建筑区数据、海淀大平台数据、海淀区"一张图"数据、遥感影像数据（包括标准时点为 2020 年 12 月的分辨率为 0.8 米×0.5 米的遥感卫星影像数据、非标准时点的分辨率为 0.5 米×0.5 米的天地图、天地图在线服务）、土地利用性质数据、文物保护区数据、区-街镇行政区划数据、建筑物管理单位信息、住宅楼房住宅套数信息和入驻企业信息。

（2）数据对接。

1）与海淀区房管局现有的数据对接。与海淀区房管局现有的数据进行对接，了解区房管局内现有数据资源情况及现有数据的生产方式、标准时点、更新周期、属性字段、精度等内容，研究数据的可利用性及与现有数据的差异。

2）与住房城乡建设部下发的底图对接。与住房城乡建设部下发的底图进行对接，了解住房城乡建设部底图数据的标准时点、属性字段、精度等内容。

（3）与住房城乡建设部的系统对接。与住房城乡建设部的调查软件及核查软件进行对接，确保海淀区房屋建筑承灾体调查项数据结构与国家要求的调查项数据结构一致，同时，保障调查数据成果能够顺利导入国家系统内，顺利完成成果汇交。

（4）调查指标增设。结合海淀区房管局日常房屋安全管理需求，丰富调查内容，增设调查指标。

（5）技术路线研制。在国家房屋建筑承灾体调查技术路线基础上，结合海淀区实际情况，研制技术路线、细化实施步骤。

（6）调查底图生产。

1）矢量数据采集。依据时点为 2020 年 12 月的遥感影像数据、2020 年的房屋单体建筑数据、基本比例尺地形图数据，开展单体建筑空间矢量边界的采集（涉军涉密建筑除外），使海淀区房屋单体建筑矢量边界精度整体达到 1：10000 比例尺地形图精度，最大限度地减少外业调查阶段对图元修改带来的工作量。

2）房屋建筑分类。利用土地利用性质数据及房屋建筑区数据，按照《城镇房屋建筑调查技术导则》《农村房屋建筑调查技术导则》中房屋建筑承灾体分类要求，将房屋建筑承灾体分为城镇住宅、城镇非住宅、农村独立住宅、农村集合住宅、农村非住宅 5 类。

3）与海淀区既有数据融合。在已有房屋单体建筑数据的基础上，与海淀既有建筑物数据、海淀大平台数据、建筑物管理单位信息、住宅楼房住宅套数信息和入驻企业信息融合，丰富属性字段，减少外业调查工作量。

4）调查工作底图制备。依据乡镇界、社区界，对处理好的房屋建筑承灾体数据进行任务切分，形成离线任务底图包，最终形成房屋建筑承灾体调查工作底图数据，为各标段房屋建筑承灾体调查提供数据支撑。

（7）调查软件研发调试。开展调查软件与系统的研发与调试，在住房城乡建设部下发的《城镇房屋建筑调查技术导则》《农村房屋建筑调查技术导则》的基础上，增加有利于海淀区房管局对海淀区房屋建筑管理的属性信息，以更好地服务海淀区房管局对数据等的需求。建立 PC 端与移动端实时互通机能，各级主管部门通过系统，可实时掌握各地数据普查工作进展情况，实现对各地调查要素的统一、集中管理。同时，按照作业要求进行本地化改造，进行软件验证，确保功能可满足调查要求。

（8）试点工作开展。选择合适区域开展试点工作，验证技术路线、验证底图支撑程度、验证软件适用性、验证调查指标填报规范、新增指标调查难度及各项资源配置。

（9）明白卡制作。针对街镇、社区、村工作人员分别制作项目背景明白卡，辅助基层工作人员了解项目工作，便于基层人员配合调查。

针对外业调查人员制作调查技术路线明白卡，便于调查人员了解工作流程、调查方法，使外业调查工作更加顺利。

（10）培训。针对此次项目调查内容，开展总体培训、内容与指标培训、建筑结构培训、玻璃幕墙培训及软件使用培训等。

2. 中期把控、支撑、维护

（1）进度把控。

（2）技术支撑。

（3）问题沟通协调。

（4）软件实时维护。

（5）与国家、市、区核查机构及人员对接。

3. 后期收尾

（1）各标段数据成果收集。收集整理各标段调查成果，形成房屋建筑承灾体调查成果数据集。若在成果收集整理过程中，发现数据问题，及时反馈给各标段进行数据整改。

（2）数据成果入库。与住房城乡建设部系统进行对接，并将最终的调查成果数据集导入住房城乡建设部调查系统中，若在数据成果入库过程中发现数据质量问题，及时反馈给各标段进行数据整改。

（3）各项报告编制。编制工作报告、技术报告、质检报告、整改报告等。

（4）数据成果提交。提交的成果内容主要包括空间图层及属性数据、关联表格文件、相关文件资料数据。

七、调查特色

在满足国家、北京市要求的基础上，立足于海淀区精细化房屋管理需求，开展调查工作。主要具备以下四方面特色：

（1）结合海淀区房管局需求，增加调查指标，使调查内容更加全面、翔实。

（2）充分利用现有数据资源（经过多项数据融合），夯实前期数据底图基础，高效服务外业调查工作。

（3）利用自主研发软件，在满足国家各项要求基础上，提高了自适应能力及调查工作的便捷性，同时，海淀区能保留一套完整的数据成果。

（4）数据规范性是关键，及时与住房城乡建设部系统、底图进行对接，严把质量关。

第二节　区　域　概　况

一、海淀区概况

海淀区❶位于北京市区西北部，地势西高东低，西部为海拔 100 米以上的山地，东部和南部为海拔 50 米左右的平原。海淀区海拔分级分布如图 1－2 所示。全区面积 430.8 平方千米，边界线长约 146.2 千米，南北长约 30 千米，东西最宽处 29 千米，约占北京市总面积的 2.6%。据 2021 年统计，海淀区共有 29 个街镇，包括苏家坨镇、温泉镇、上庄镇、学院路街道、花园路街道、北太平庄街道、北下关街道、西北旺镇、海淀街道、青龙桥街道、海淀镇、燕园街道、马连洼街道、上地街道、清河街道、西三旗街道、东升镇、清华园街道、万寿路街道、永定路街道、羊坊店街道、甘家口街道、八里庄街道、紫竹院街道、中关村街道、香山街道、田村路街道、曙光街道、四季青镇，640 个社区居委会❷。海淀的文化资源居全国之首。中央电视台、国家图书馆等一大批国家级文化设施、场所坐落在海淀。区内高校林立，著名的

---

❶ 海淀区概况来源：海淀区人民政府官网。
❷ 海淀区社区数据来源：2020 年地理国情监测。

北京大学、清华大学、中国人民大学、北京航空航天大学、北京体育大学等68所高等院校坐落在本区，有"大学城"之称。区内汇集了全国最著名最具权威性的科研院所及大专院校，是全国首屈一指的"智力库"。

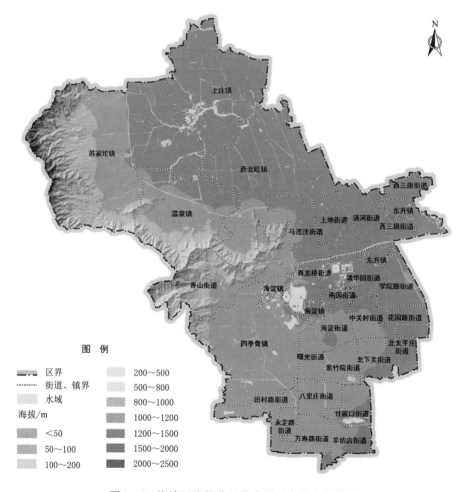

图 1-2　海淀区海拔分级分布图（参见文后彩图）

二、海淀区整体房屋建筑情况

依据2020年北京市地理国情监测成果数据，海淀区现有单体建筑约20万栋。城镇房屋与农村房屋数量基本相当，其中，城镇房屋主要分布在海淀区南部、东南部区域；农村房屋主要分布在海淀区北部、西北部区域。海淀区单体建筑空间分布情况如图1-3所示。

图 1-3 海淀区单体建筑空间分布图（参见文后彩图）

第三节 资 料 情 况

为了摸清海淀区内灾害风险隐患底数，结合海淀区房屋管理的实际需求，掌握翔实准确的房屋建筑承灾体空间分布及灾害属性特征，此次项目需在海淀区内统筹 2020 年海淀区既有房屋建筑底账数据、海淀区既有大平台数据、地理国情监测数据、海淀区"一张图"数据、遥感影像数据、土地利用性质数据、行政区划数据等，开展房屋建筑承灾体空间数据制备工作。

市住房城乡建设委组织实施全市房屋建筑承灾体调查。将制备的房屋建筑承灾体空间数据与住房城乡建设部下发的底图数据进行底图图斑、影像和属性等方面对接，形成更为全面的房屋建筑承灾体空间工作底图数据。

此次项目调查时点为 2020 年 12 月 31 日，房屋建筑承灾体空间工作底图包括高分辨率遥感影像数据（分辨率为 0.8 米，时点为 2020 年 12 月）及房屋建筑图元数据。建设集高分辨率遥感影像、基础地理信息、调查对象空间数据为一体的房屋建筑承灾体调查项目空间数据库，为非常态应急管理、常态灾害风险分析和防灾减灾、空间发展规划、生态文明建设等各项工作提供基础数据和科学决策依据。

一、海淀区既有房屋建筑底账数据

海淀区既有房屋建筑底账数据包括矢量图斑和属性信息。经属性信息筛选，可支撑此次调查的主要属性信息包括建筑物名称、建成时间、地上层数、地下层数、建筑面积、地上建筑面积、地下建筑面积、物业管理方式、唯一码（确保后期数据挂接具有唯一性），通过空间连接功能，对比现有底图数据与既有房屋建筑底账数据中相同字段，选择最新采集时间更新数据。海淀区既有房屋建筑底账数据空间分布如图 1-4 所示。

图 1-4　海淀区既有房屋建筑底账数据空间分布图（参见文后彩图）

二、海淀区既有大平台数据

通过收集市住房城乡建设委房屋平台共享数据，获取海淀区既有大平台数据。既有大平台数据来源包括实测、修补测和普查，按照实测信息融合现有房屋建筑数据。经属性信息筛选，可支撑此次调查的主要属性信息包括建成时间、地上层数、地下层数、建筑面积、地上建筑面积、地下建筑面积、楼幢名称、套数、普通住宅套数，通过空间连接功能，对比现有底图数据与既有大平台数据中相同字段，选择最新采集时间更新数据。海淀区既有大平台数据空间分布如图 1-5 所示。

图 1-5 海淀区既有大平台数据空间分布图（参见文后彩图）

三、地理国情监测数据

(一) 地表覆盖中的房屋建筑区数据

地表覆盖中的房屋建筑区数据包括多层及以上房屋建筑区、低矮房屋建筑区、废弃房屋建筑区、多层及以上独立房屋建筑、低矮独立房屋建筑等五大类9小类。海淀区房屋建筑（区）类型空间分布如图1-6所示。

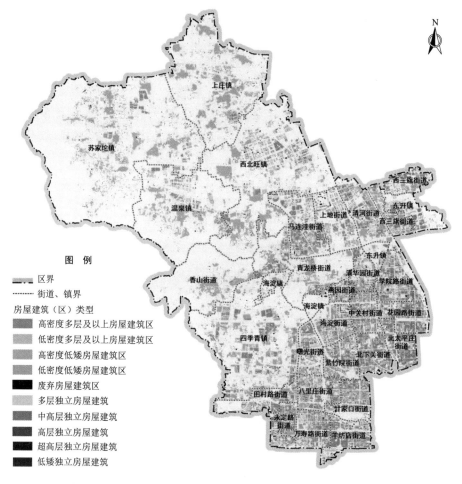

图1-6 海淀区房屋建筑（区）类型空间分布图（参见文后彩图）

(二) 市情中的单体建筑数据

市情中的单体建筑数据是利用优于1米×1米的高分辨率遥感影像，整合最新基础地理信息数据及相关部门专题数据，以往年的单体建筑成果数据为本底，开展更新工作，完成全市域范围内单体建筑变化情况监测，形成现

势性强、精度高、全覆盖的单体建筑数据成果。单体建筑数据服务于督察执
法监管、违法建设查处、北京市政务服务佐证、健全城市管理体制、创新城
市治理方式以及自然资源宏观分析等自然资源管理工作，为各级政府提供信
息决策支撑。

　　海淀区单体建筑数据共计五大类，包括住宅、公共建筑、工业仓储、农
业建筑、特殊建筑。属性信息包括：门牌号、地上楼层数、地下楼层数、总
层数、占地面积、地上建筑规模、地下建筑规模、总建筑规模、建筑使用性
质、建筑用途、土地利用性质。

　　海淀区房屋单体建筑空间分布如图1-7所示。

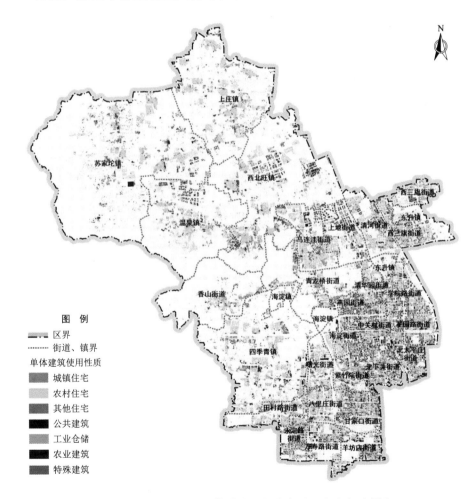

图1-7　海淀区房屋单体建筑空间分布图（参见文后彩图）

（三）文物保护区数据

地理国情监测成果中的城市要素数据包含文物保护区，其中类型包括名城、名镇、名村、文化街区、不可移动文物、历史建筑、传统风貌建筑等，等级涉及国家级、省级、地市级、市县级，文物保护区数据主要用于区分房屋建筑是否为保护型建筑。海淀区文化保护区空间分布如图1-8所示。

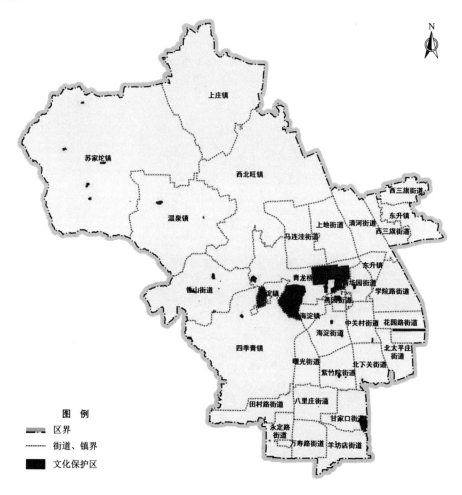

图1-8 海淀区文化保护区空间分布图（参见文后彩图）

四、海淀区"一张图"数据

海淀区"一张图"数据包括平原区1：2000比例尺地形图、山区1：10000比例尺地形图，具有精度高、边界准确等特点。其主要属性信息包括房屋结构、建筑地址、地上层数、地下层数、房屋建筑面积、地上建筑面积、地下建筑面积。海淀区"一张图"数据空间分布如图 1-9 所示。

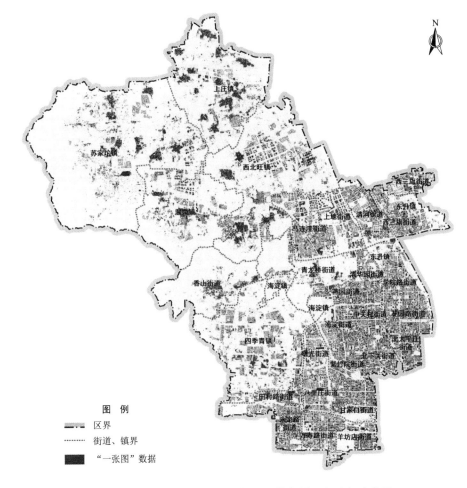

图 1-9 海淀区"一张图"数据空间分布图（参见文后彩图）

五、遥感影像数据

海淀区遥感影像数据（内业数据采集用图）的分辨率为 0.8 米×0.8 米，时点为 2020 年 12 月，如图 1-10 所示。

海淀区分辨率为 0.5 米天地图遥感影像（外业调查工作用图），如图 1-11 所示。

天地图在线服务（外业调查工作用图）。

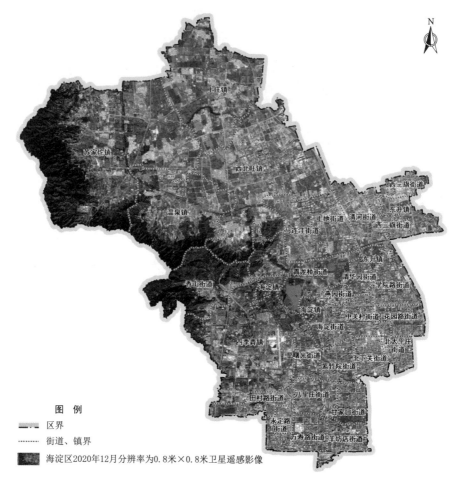

图1-10 海淀区卫星遥感影像图（参见文后彩图）

六、土地利用性质数据

土地利用性质数据包括国有、集体土地权属数据。海淀区土地权属性质分布如图1-12所示。《城镇房屋建筑调查技术导则》《农村房屋建筑调查技术导则》中对城镇房屋、农村房屋有明确的界定：城镇房屋是指城镇国有土地上存在的所有住宅与非住宅类房屋；农村房屋是指农村集体土地上的所有房屋建筑，包括住宅建筑和非住宅建筑。

依据此分类标准，可利用现有的国有、集体土地权属数据，确定海淀区所有房屋建筑的权属类型，极大程度地避免了外业调查工作中，因为权属不明确而导致外业难以顺利开展的问题。

图 1-11　海淀区天地图遥感影像（参见文后彩图）

七、行政区划数据

（一）区-街镇两级行政区划

　　海淀区行政区划如图 1-1 所示，社区区划如图 1-13 所示。内业作业中使用区-街道两级行政区划数据，可直接对房屋建筑所属街镇进行赋值。

（二）社区区划数据

　　海淀区社区区划如图 1-13 所示。社区区划数据可辅助总体的任务划分工作，为工作的顺利开展提供基础保障。

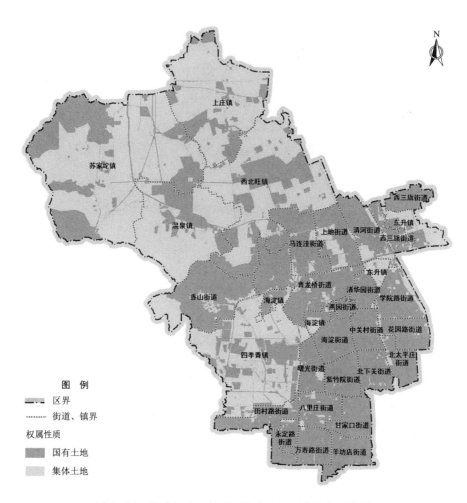

图 1-12 海淀区土地权属性质分布图（参见文后彩图）

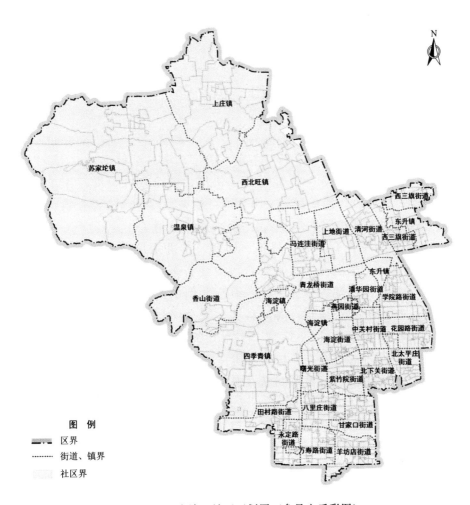

图例
区界
街道、镇界
社区界

图 1-13　海淀区社区区划图（参见文后彩图）

第二章 组 织 实 施

第一节 组 织 管 理

一、组织管理架构

按照"区政府统一领导、部门分工协作、属地分级负责、各方共同参与"的原则，由北京市海淀区第一次全国自然灾害综合风险普查领导小组统一指挥，各相关部门按照工作分工组织实施调查工作。

（1）海淀区房管局：负责统筹、协调、推进房屋建筑调查工作开展，对接海淀区第一次全国自然灾害综合风险普查领导小组办公室、市住房城乡建设委；指导、协调各相关部门、调查队伍、核查队伍开展房屋建筑承灾体调查、核查工作；编制《海淀区第一次全国自然灾害综合风险普查房屋建筑调查实施方案》（以下简称《实施方案》）；组建区级调查技术专家组；按照有关程序选定调查、核查队伍；组织安排"调查平台基础数据库"中海淀区行政辖区内已有数据梳理工作；组织安排对各街道、镇，以及调查、核查队伍相关人员开展培训；组织安排房屋建筑承灾体调查成果汇交；定期召开会商会，专题研究房屋建筑承灾体调查工作中存在的问题和改进措施。

（2）海淀区应急局：负责项目统筹协调工作，指导全区各部门完成普查工作。了解实施方案，预算编制、工作实施、数据汇总等工作。

（3）海淀区住房城乡建设委：与海淀区房管局共同完成房屋建筑承灾体调查工作；负责海淀区农村房屋安全隐患排查整治工作。

（4）海淀区财政局：负责做好此次房屋建筑承灾体调查工作的资金保障。

（5）海淀区国资委：负责督促、协调区属国有企业协助、配合调查队伍开展房屋建筑承灾体调查工作。

（6）北京市规划和自然资源委员会海淀分局：负责提供房屋建筑规划、土地、权属登记等信息，并配合海淀区房管局完善调查平台基础数据库。

（7）海淀区委社会工委、海淀区民政局：负责督促、协调养老机构、福利院的产权单位、管房单位协助、配合调查队伍开展房屋建筑承灾体调查工作。

（8）海淀区教委：负责督促、协调学校、幼儿园的产权单位、管房单位协助、配合调查队伍开展房屋建筑承灾体调查工作。

（9）海淀区卫生健康委：负责督促、协调医院的产权单位、管房单位协助、配合调查队伍开展房屋建筑承灾体调查工作。

（10）海淀区文化和旅游局：负责督促、协调文化、旅游、酒店等的产权单位、管房单位协助、配合调查队伍开展房屋建筑承灾体调查工作。

（11）海淀区体育局：负责督促、协调体育场馆的产权单位、管房单位协助、配合调查队伍开展房屋建筑承灾体调查工作。

（12）海淀区民族宗教办：负责督促、协调寺院、宗教活动场所的产权单位、管房单位协助、配合调查队伍开展房屋建筑承灾体调查工作。

（13）海淀区退役军人局：负责督促、协调军休所的产权单位、管房单位协助、配合调查队伍开展房屋建筑承灾体调查工作。

（14）海淀区机关事务管理服务中心：负责督促、协调机关办公场所的产权单位、管房单位协助、配合调查队伍开展房屋建筑承灾体调查工作。

（15）北京海房投资管理集团有限公司：负责协助、配合调查队伍开展区属直管公房的调查工作。

（16）北京首都开发控股（集团）有限公司：负责协助、配合调查队伍开展市属直管公房的调查工作。

（17）各街道、镇：负责辖区内的房屋建筑承灾体调查工作的具体实施，统筹组织社区、村、物业服务企业、管房单位、调查队伍等力量，推进辖区内房屋建筑承灾体调查工作；协助开展房屋建筑承灾体调查宣传、培训工作。

（18）第三方调查单位：负责外业调查工作，负责底图制备、筹备软硬件、人员、车辆、物资等。

（19）北京市海淀区房屋安全鉴定站：按照区房管局统一安排部署，并结合各标段的调查进度，对海淀区房屋进行现场核查工作。

另外，海淀区房管局对定期收集的各中标单位拒测房屋信息，与区其他政府单位一起统一协调配合各中标单位进行拒测房屋信息填报。各中标单位根据项目进度随时调整调查人员、调查设备。

二、人力资源配置

人力资源包括项目总负责人、技术总负责人、专项负责人、质量检查人及主要技术人员、专家团队。

根据工作实际，人力资源具体分为以下 7 组。

（1）项目管理组：项目负责人、技术负责人、审核人、审定人、质量负责人。

（2）质量控制组：质量检查负责人，质量检查人员。

（3）资料收集组：组长、主要技术人员。

（4）影像制作组：组长、主要技术人员。

（5）内业生产组：组长、主要技术人员。

（6）外业调查核查组：外业组长、督导人员、数据处理人员、主要技术人员、调查队长、调查员。

（7）系统开发组：需求分析组长、系统设计组长、项目开发组组长（分别负责 PC 端、移动端及数据库建设）、测试质量组长、现场实施组长、操作培训组长、主要技术人员。

三、组织实施模式

根据项目进展过程，将作业队伍按照作业内容进行分组，分组情况如下。

（1）资料收集组：负责收集相关资料及整理工作。

（2）影像制作组：负责制作遥感正射影像工作。

（3）内业数据生产组：负责变化信息采集、编辑和整理，采集数据等工作；根据作业区细分为 3 个作业部门。

（4）外业调查核查组：负责外业监测信息的调查与核查、拍摄解译样本工作；根据作业区分为 4 个作业部门。

（5）质量检查组：负责数据过程质量检查和成果质量检查。

（6）综合协调组：对生产进度、质量、技术、档案和人员等进行综合协调、管理。

（7）系统开发组：对外业调查移动端 App 和项目管理 PC 端进行功能设计、软件开发、实施培训、本底化改造等。

根据项目特点，另外组织了专门的内业质量检查组，全面负责内业作业的过程质量检查和产品质量检查验收工作，总体把控项目内业质量。房屋建筑承灾体调查生产组织机构如图 2-1 所示。

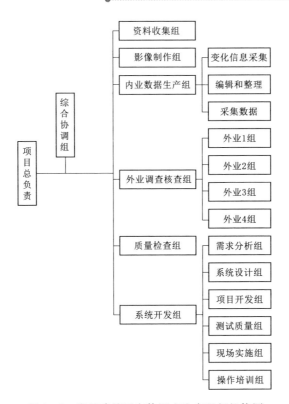

图 2-1　房屋建筑承灾体调查生产组织机构图

四、仪器设备资源配置

(一) 外业调查核查资源配置

外业调查核查仪器设备等资源配置情况见表 2-1 和图 2-2。

表 2-1　　　　　　外业调查核查仪器设备等资源配置情况

序号	设　备　资　源	数量
1	调查手持终端（Pad 或智能手机）	288 部
2	激光测距仪	144 台
3	钢筋探测仪	20 台
4	手电筒	288 个
5	办公电脑	30 台
6	尺子、签字笔、便笺纸等	288 套
7	卷尺	288 套
8	户外用车	30 辆

（a）激光测距仪

（b）手持终端——安卓手机

（c）钢筋探测仪

（d）办公电脑

图 2－2　外业调查部分仪器设备

（二）其他资源配置

（1）疫情防控处置必备物资应有：体温枪（体温计）、消毒用品（75％酒精或 84 消毒液、洗手液或肥皂等）、防护口罩（主要有一般医用外科口罩或医用防护口罩）等。

（2）常规药品箱（急救箱）使用注意事项：专人保管不上锁；定期更换超过保质期药品，每次使用后要及时补充；放置于合适位置，便于所有人员使用。

第二节　实　施　细　则

一、组织实施流程

此次项目调查范围分布广，调查内容体量大，调查质量标准高，调查进度时间紧,对项目的组织和管理要求高,因此合理规划总体工作流程、落实具体实施方案就显得尤为重要。

基于以往大型政府普查类项目、房屋建筑安全鉴定排查类项目的组织实施经验,结合实施目标、调查内容及各项工作要求,制定如图 2-3 所示的总体工作流程。

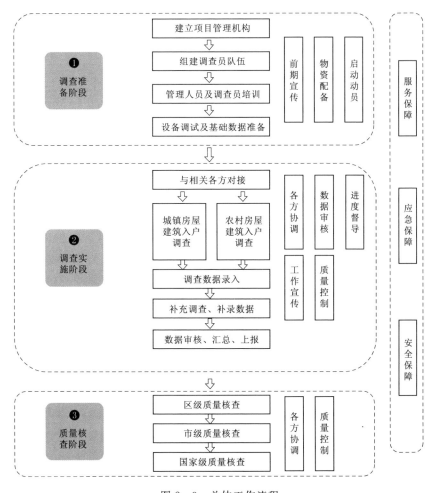

图 2-3　总体工作流程

二、实施阶段

(一) 前期准备阶段

1. 数据对接

包括与海淀区房管局内现有数据对接、与住房城乡建设部调查底图对接。

2. 软件对接

借鉴住房城乡建设部软件优势功能，辅助项目软件开发，基于《全国房屋建筑和市政设施调查软件系统数据建库标准规范（房屋建筑全国版）》，对接数据结构与属性指标。

3. 调查指标增设

结合局日常房屋安全管理需求，丰富调查内容，增设调查指标。

4. 技术路线研制

在国家技术路线基础上，结合海淀区实际，研制技术路线、细化实施步骤。

5. 调查底图生产

提前进行海淀区全区调查底图生产，夯实底图精度，做好数据支撑。

6. 调查软件研发

需求调研：对项目需求进行详细的调研，编制系统需求规格说明书。

系统设计：在需求调研的基础上对系统架构、安全体系、功能等进行系统设计，编制系统设计说明书。

系统开发：完成房屋建筑承灾体调查系统建设软件的实验预约、数据查询浏览、数据统计和数据导出等功能模块的需求分析、功能设计和开发。

系统集成：完成各子系统的开发工作，包括移动端 App 和 PC 端。移动端 App 主要功能为软件登录、离线任务、外业定位、任务定位、任务图上浏览、任务管理、调查管理、记录管理、个人配置以及同步更新。PC 端主要功能为调查统计、调查类型、任务管理、调查成果、海淀数据统计、国家数据统计、账户管理以及日志管理。

系统测试：完成系统集成、系统测试、集成测试，编制测试报告。

系统试运行：配置系统环境、平台上线试运行，系统持续优化，升级版本的可运行系统，并安装部署到用户本地。完成房屋建筑承灾体调查系统建设软件的试运行、功能优化与回归测试、软件维护等相关工作。

用户培训：对各级用户进行培训，编制使用说明。

房屋建筑承灾体调查系统建设流程如图 2-4 所示。

通过软件研发，满足国家数据结构、成果格式等各方面要求，增强海淀调查工作自适应性。

7. 试点工作开展

选择合适区域开展试点工作，验证技术路线、验证底图支撑程度、验证

图 2-4　房屋建筑承灾体调查系统建设流程图

软件适用性、验证调查指标填报规范及新增指标调查难度及各项资源配置。

8. 明白卡制作

制作街道、社区、村明白卡以及调查技术路线明白卡。

9. 技术培训

针对调查内容，开展总体培训、内容与指标培训、建筑结构培训、玻璃幕墙培训及软件使用培训等。

（二）内业生产阶段

1. 矢量数据采集

通过开展单体建筑空间矢量边界的采集，提升海淀区房屋单体建筑矢量边界精度，达到 1∶2000 比例尺地形图精度。最大程度减少外业调查阶段对图元修改带来的工作量。

2. 房屋建筑分类

利用土地使用性质数据及房屋建筑区数据，按照《城镇房屋建筑调查技术导则》《农村房屋建筑调查技术导则》中房屋建筑承灾体分类要求，将房屋建筑承灾体分为城镇住宅、城镇非住宅、农村独立住宅、农村集合住宅、农村非住宅 5 类。充分利用现有数据资源，夯实前期数据底图基础，高效服务外业调查工作。

3. 数据融合

融合已有房屋单体建筑数据、海淀既有建筑物数据、海淀区大平台数据、建筑物管理单位信息、住宅楼房住宅套数信息和入驻企业信息，丰富属性字段，减少外业调查工作量。

（三）外业调查核查阶段

1. 全面调查

采用内业、外业相结合的方式，以天地图 0.5 米分辨率影像以及相关图元为底图，利用移动端 App，开展房屋调查。在移动端 App 填报调查信息，形成满足采购方要求的房屋建筑承灾体调查成果。

2. 质量控制

按照"边调查、边质检"的原则，进行质量控制，并严格贯彻"两级检查、一级验收"及全过程质检监测的质量控制方式，编制自检报告。

3. 核查工作

配合区质检机构、市核查机构及国家巡检人员，开展核查工作。

（四）成果整理入库阶段

1. 成果收集

收集整理各标段调查成果，形成房屋建筑承灾体调查成果数据集。

2. 成果质检

采用两级检查，一级验收的制度，并进行全过程质量控制。承担单位的作业部门负责一级检查，承担单位负责组织成立独立的项目质量检查组进行成果的二级检查。

3. 成果整理

收集整理各标段成果，对房屋建筑承灾体调查成果进行符合性检查。与住房城乡建设部系统对接，进行成果入库前的检查。

4. 数据成果入库

与住房城乡建设部系统进行对接，并将最终的调查成果数据集导入住房城乡建设部调查系统中。

（五）报告编制阶段

编制技术设计书、工作总结报告、技术总结报告、审核整改报告、质量检查报告和统计分析报告。

三、试点验证情况

为完善方案、验证底图支撑程度、验证流程方法、验证组织实施模式、试验软硬件、积累经验，在清河街道（安宁北路社区、安宁里社区、西洼村）先期开展试点工作，为全区范围内高效开展房屋建筑承灾体调查工作奠定基础。

（一）试点总体开展情况

1. 基本情况

试点房屋建筑承灾体总量：808 栋。

时间：8 月 26—28 日，共 3 天。

每天调查时长：上午 9：30—12：00，下午 2：00—4：30，约 5 小时/天。

人员：平均每天 3 个调查组。

2. 完成情况

完成量：共完成 213 栋房屋建筑承灾体调查（不同图斑重复的信息，由后期的内业进行处理)。

完成率：26.4%。

工作效率：平均每天完成 75 栋房屋调查，每组每天完成约 25 栋房屋建筑承灾体调查（市住房城乡建设委要求 20～40 栋组/天）。

3. 软件改进

边试点、边发现问题、边优化。

4. 试点成果

试点成果如图 2-5、图 2-6 和图 2-7 所示。

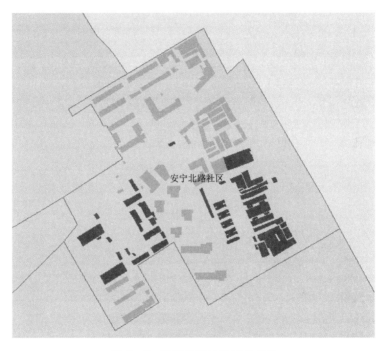

图 2-5 安宁北路社区试点成果

(二) 试点难点总结

1. 大众认知方面

此次工作试点工作期间，基层人员对工作不了解，认知度较低，存在部分区域负责人不配合相关调查的情况，尤其对有拆迁计划的地方开展调查时，居住居民对房屋调查较敏感，不易配合。

2. 调查指标方面

此次调查指标内容较多，调查任务量较大，填报时间长。

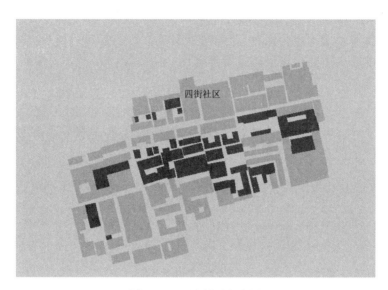

图 2-6 西洼村试点成果

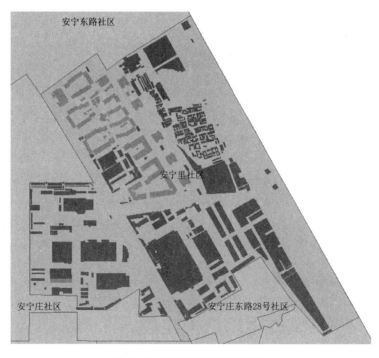

图 2-7 安宁里社区试点成果

3. 人员方面

此次调查要求调查人员需具备最基本的识图能力，能够根据底图中的图斑对应到现场的房屋；若识图能力较差，可能会出现"张冠李戴"的情况；由于工作量大，不同作业单位的技术人员专业不一样，届时需要做好识图能力的培训。

需具备从外观上判断简单的房屋结构类型的能力，房屋结构专业人员一般从图纸上对房屋结构类型进行判断。

调查人员要充分学习《城镇房屋建筑调查技术导则》《农村房屋建筑调查技术导则》，了解每项指标填写的基本要求。

4. 组织协调方面

由区级层面进行组织实施，但需要基层的人员配合调查，提供相应调查信息，所以需建立区-街道-社区/村-物业等各级联系机制。

5. 调查人员身份认证方面

如果没有证件的话，调查人员身份无法进行认证，基层人员可能会出现拒绝配合的情况。

6. 农村房屋调查方面

农村房屋建筑密集，有拆迁计划的村私搭乱建严重，底图和现场难以分辨房屋建筑数量和边界。

7. 调查指标难度

按住房城乡建设部要求，共需调查 84 项有效指标。经与区房管局进行需求对接，共新增 73 项调查指标。其中：

（1）城镇住宅原 20 项有效指标，新增 15 项，共 35 项。

（2）城镇非住宅原 19 项有效指标，新增 21 项，共 40 项。

（3）农村独立住宅原 16 项有效指标，新增 3 项，共 19 项。

（4）农村集合住宅原 11 项有效指标，新增 13 项，共 24 项。

（5）农村非住宅原 18 项有效指标，新增 21 项，共 39 项。

调查指标内容多，填报工作量大、时间长。

8. 指标填报难度

（1）城镇住宅建筑调查信息采集表。

1）基本信息包括：小区名称、建筑名称、所属社区名称、是否产权登记［产权类别、产权单位（产权人）］、套数、建筑地址。此部分可以根据物业管理单位提供信息进行填写。

2）建筑信息包括：建筑物类别、地上层数、地下层数、建筑高度、调查面积、地上建筑面积、地下建筑面积、建成时间、结构类型、是否采用减隔震、是否保护性建筑、是否专业设计建造。此部分可以根据物业管理单位提供信息进行填写，结构类型、建筑高度这部分资料不完全。

3）使用情况包括：有无肉眼可见明显裂缝、变形、倾斜，此部分可外业调查，实地获取；是否进行过改造、是否进行过抗震加固、是否进行过节能保温、是否完成三供一业交接（央产）/市属非经移交（非经济类移交）、有无物业管理，此部分可以根据物业管理单位提供信息进行填写。

（2）城镇非住宅建筑调查信息采集表。

1）基本信息包括：单位名称、建筑名称、所属社区名称、是否产权登记〔产权类别、产权单位（产权人）〕、套数、是否有玻璃幕墙、建筑地址。此部分可以根据物业管理单位提供信息进行填写。

2）建筑信息包括：建筑物类别、地上层数、地下层数、建筑高度、调查面积、地上建筑面积、地下建筑面积、建成时间、结构类型、非住宅房屋用途、是否采用减隔震、是否保护性建筑、是否专业设计建造。此部分根据物业管理单位提供信息进行填写，结构类型、建筑高度这部分资料不完全。

3）使用情况包括：有无肉眼可见明显裂缝、变形、倾斜，此部分可外业调查，实地获取；是否进行过改造、是否进行过抗震加固、是否进行过节能保温、有无物业管理，此部分可以根据物业管理单位提供资料进行填写。

（3）农村住宅建筑调查信息采集表（独立住宅）。

住宅房屋类型、辅助用房所属主房 ID，此部分可以根据外业调查确定是否为辅助用房。

1）基本信息包括：户主姓名、户主类型、建筑地址，此部分可以根据社区工作人员的实地调查填写。

2）建筑信息包括：建筑物类别、地上层数、地下层数、调查面积、建造年代、结构类型、建造方式、是否经过安全鉴定，此部分可以根据社区工作人员的实地调查填写，结构类型部分确定。

3）抗震设防信息包括：是否专业设计，是否采取抗震构造措施，是否进行过抗震加固，有无肉眼可见明显裂缝、变形、倾斜，此部分可以根据社区工作人员以及外业调查人员的实地调查填写。

外业拍照困难，部分农村房子院内无法进入。

（4）农村住宅建筑调查信息采集表（集合住宅）。

住宅房屋类型、辅助用房所属主房 ID，此部分可以根据外业调查确定是否为辅助用房。

1）基本信息包括：建筑地址、建筑（小区）名称、住宅套数、竣工时间、设计使用年限、有无物业管理，此部分可以根据社区工作人员实地调查填写，若有物业，可以根据物业管理公司提供信息进行填写。

2）建筑信息包括：建筑物类别、地上层数、地下层数、调查面积、地上建筑面积、地下建筑面积、建造年代、结构类型、建造方式、是否经过安全鉴定，此部分可以根据社区工作人员实地调查填写，若有物业，可以根据物业管理公司提供信息进行填写，结构类型这部分资料不完全。

3）抗震设防信息包括：是否专业设计，是否采取抗震构造措施，是否进行过抗震加固，有无肉眼可见明显裂缝、变形、倾斜，此部分可以根据社区工作人员以及外业调查人员的实地调查填写，若有物业，可以根据物业管理公司提供信息进行填写。

（5）农村非住宅建筑调查信息采集表。

1）基本信息包括：建筑地址、房屋名称、姓名或单位名称、户主类型、是否有玻璃幕墙、有无物业管理。此部分可以根据社区工作人员以及外业调查人员的实地调查填写，若有物业，可以根据物业管理公司提供信息进行填写。

2）建筑信息包括：建筑物类别、地上层数、地下层数、建筑面积、地上建筑面积、地下建筑面积、建造年代、结构类型、建造方式、建筑用途、是否经过安全鉴定，此部分可以根据社区工作人员以及外业调查人员的实地调查填写，若有物业，可以根据物业管理公司提供的信息进行填写，结构类型这部分资料不完全。

3）抗震设防信息包括：是否进行专业设计，是否采取抗震构造措施，有无肉眼可见明显裂缝、变形、倾斜、是否进行过抗震加固，此部分可以根据社区工作人员以及外业调查人员的实地调查填写，若有物业，可以根据物业管理公司提供的信息进行填写。

每个房屋建筑都需进行拍照。

（三）试点工作总结

1. 宣传是前提

房屋建筑承灾体调查是一项地毯式的摸查工作，也是需要基层人员极力配合的工作。宣传工作可以让人民群众及各级管理单位了解普查的内容、意义等，进而促进各基层单位更好地配合调查人员进行任务的推进。

2. 组织实施是基础

（1）从管理协调角度。海淀区房管局负责调查工作的总体部署协调；第三方调查单位负责外业调查工作，负责底图制备，负责筹备软硬件、人员、车辆、物资等；区房管局协调海淀区卫生健康委、海淀区教委、海淀区文化和旅游局等各行业部门配合实地调查工作。总体部署协调流程如图2-8所示。

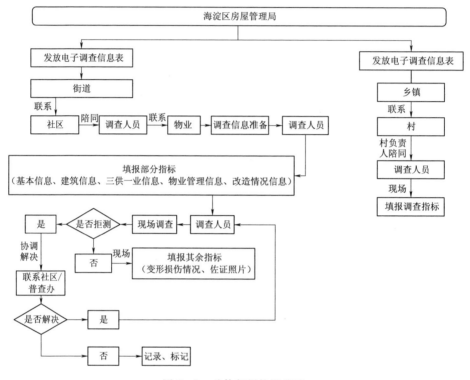

图2-8　总体部署协调流程

1）区级工作。海淀区房管局负责统筹、协调、推进房屋建筑调查工作的开展，对接区普查办、市住房城乡建设委；指导、协调各相关部门、调查队伍、核查队伍开展房屋建筑调查、核查工作；编制《实施方案》；组建区级调查技术专家组；按照有关程序选定调查、核查队伍；组织安排房屋建筑调查成果汇交；定期召开会议，专题研究房屋建筑调查工作中存在的问题和改进措施。

海淀区房管局组织街道、社区和村级负责人员开展房屋建筑承灾体调查宣传会议，明确各街镇、社区和村级单位职责，组织各方力量推动房屋建筑调查工作的具体实施。通过发放宣传手册、宣传海报等方式，让人民群众及各级管理单位了解普查的内容、意义等，积极营造"人人参与、人人配合"的浓厚普查氛围，进而促进各基层单位更好地配合调查人员进行任务的推进。

海淀区房管局组织安排对各街镇，以及调查、核查队伍相关人员开展培训。海淀区房管局需从房屋建筑承灾体调查背景、意义、目的、内容指标等方面进行讲解，从房屋建筑承灾体调查软硬件的使用等方面进行操作演示，从房屋建筑承灾体调查成果质量等方面进行把关确定。

海淀区房管局对调查人员进行信息审核及汇总，审核成功后统一进行制作调查员证，对调查员证进行编号、颁发、备案，规范队伍建设，提高调查效率。

海淀区房管局与街道、社区和村政府建立联系手册，通过联系，下发此次调查信息手簿。街道通过调查信息手簿内容，联系相应调查房屋所在社区人员，社区人员联系物业人员对调查信息进行准备，对准备信息人员建立联系，调查人员直接与其进行联系，填报部分信息，对于需要现场调查房屋进行填报其余指标，若遇到拒测，联系社区或者普查办进行协调解决，如没有解决对房屋进行标记记录；乡镇通过调查手簿内容，联系相应调查房屋所在村政府，村负责人需要陪同调查人员进行现场填报。海淀区房管局通过调查单位与街道、社区和村政府的配合，形成畅通、有效的联系建立机制。

海淀区房管局需要解决与街道、社区、村的先行沟通问题；需要解决调查房屋拒测的情况。

2）街道工作。各街镇负责组织各方力量推动房屋建筑承灾体调查工作的具体实施，需要对房屋建筑承灾体调查进行宣传工作；需要通过调查信息手簿内容，联系相应调查房屋所在社区人员；各街镇负责人还需将社区人员联系方式提供到海淀区房管局，建立联系机制。

3）社区工作。各社区负责联系物业管理人员，将调查信息手簿内容下发给村负责人、物业管理人员，组织村负责人、物业管理人员推动房屋调查信息填报；各社区负责人还需将村负责人、物业管理人员联系方式提供到街道，建立联系机制。

（2）从调查工作的管理实施角度。从调查工作的管理实施角度，需要建立简单、易行的组织模式。

1）街道管理负责制。按照街道房屋建筑总量，综合考虑农村建筑数量，配置街道管理人员，街道管理人员负责本地区调查工作的进度把控、总体统筹、问题记录、技术质量控制以及沟通协调等，同时负责与街道普查办及社区的对接、联系。

2）社区调查人员包干制。按照每组平均房屋建筑承灾体调查工作量为

1350栋，以社区单元为参考，对任务进行尽量均匀切分，在规定的调查时间范围内，保质保量完成调查任务，并及时反馈所遇问题。

3）特殊情况灵活调配制。若存在调查工作进展慢、质量不高的情况，街道管理人员及时进行介入，并加强相关调查人员的培训及成果质检工作，对调查难度大的区域，及时进行人力补充或资源调配。

3. 底图是关键

外业调查过程中，发现西洼村私搭乱建严重，从影像上很难辨认房屋边界，从外观上，很难判断一户人家有几栋房子，此时，底图的参考性非常重要。

4. 人员是保障

由于该工作任务量大，时间要求紧，该项工作投入人员接近200人，在统一思想、统一流程路线、联系机制流畅的基础上，人员的投入是项目顺利开展的重要保障。

要确保项目投入人员的稳定性，定期对项目参与人员进行培训，提高参与人员的专业性以及对普查工作的认知。

5. 调查软、硬件是动力

此次房屋调查利用自行开发的房屋建筑承灾体调查软件，包括PC端及移动端App。内业先进行处理，将任务范围内房屋分为城镇住宅、城镇非住宅、农村独立住宅、农村集合住宅、农村非住宅5小类，分别提取到模板图层中，建立离线包，同时将任务范围内影像数据制作切片。通过PC端建立任务发布，移动端拷贝任务离线包和影像切片，即可进行调查工作。当遇到网络较差的情况，可使用离线调查的模式。

6. 各类、各项指标填报是重点

此次房屋建筑承灾体调查涉及157项指标，通过优化软件设置、统一填报规范、严格把控成果质量，使指标填报工作省时省力，与此同时，保证数据成果的真实、可靠，能够真正为房屋安全管理所用。

四、组织协调情况

（一）与各方协调保障措施

1. 地方层面的工作协调配合

在普查领导小组及其办公室的领导下，承担房屋建筑承灾体调查工作的海淀区房管局负责编写本地区房屋建筑调查任务落实方案；组织开展调查技术培训，指导进行具体调查实施工作；负责调查数据汇交和质量审核，形成区级调查成果之一，并按要求汇交。

按照总体方案确定的"属地原则"，调查工作以区行政范围为基本工作单元。区政府及海淀区房管局组织协调相关部门，并充分发挥街道、乡镇、社区、行政村和基层组织的作用，协同开展房屋建筑承灾体调查工作。在区级普查领导小组及海淀区房管局的领导下，承担房屋建筑承灾体调查工作作业实施单位具体负责方案编制、调查人员培训、内业资料整理、外业信息采集、数据质量审核等工作。

2. 街道（镇）的工作协调配合

街道（镇）政府负责调查工作的实施或协助开展调查工作。

3. 调查人员的工作协调配合

基层调查人员完成房屋建筑承灾体调查相关培训，明确调查范围、调查内容、调查进度。

4. 海淀区房管局的工作协调配合

配合海淀区房管局做好城镇房屋建筑承灾体调查的统筹协调，整合共享本级自然资源、教育、卫生、体育、工信、公路、铁路、民航等行业主管部门掌握的涉及房屋建筑的相关数据，并协同开展外业信息采集工作。

5. 农村房屋安全鉴定的工作协调配合

是否经过安全鉴定选"是"时填报对应项目。当调查农房未经过安全性鉴定时，不填报此项，收集"脱贫攻坚住房安全有保障核验"结果进行填报。

6. 项目实施单位的组织保障措施

为保障项目顺利实施，根据项目需求和实际情况组建项目组，包括由项目实施单位领导和各部门负责人组成的项目领导小组、各部门技术人员组成的数据生产小组、系统研发小组等，进行项目策划、技术文件编写、软件研发、技术培训、人员配备、外业调查、内业整理、资源调拨、项目进度监督、质量检查等工作，各小组明确职责分工，全力配合保障项目按期高质量完工。

7. 项目实施单位与当地政府及村民的协调配合

（1）成立以项目经理为领导的协调小组，积极配合海淀区房管局的工作，做到作业实施不影响农民生产、生活。

（2）提前做好人员安排，保证项目的劳动力。做好实施计划，用工多的工作尽量提前进行。

（3）做好作业人员的思想工作。

（4）与当地村民协调好各方面的关系，力求得到村民的支持。

（二）与各方协调情况

房屋建筑承灾体调查工作涵盖辖区范围内所有建筑物的详细调查，调查分布广、体量大、任务重、问题多，必须统一思想、统一标准、统一步调，有必要成立相应的工作专班，明确各方的职责和任务，提供调查所需的相关资料，积极配合调查工作的落实开展。对房屋普查的目标、任务、分工、范围、时间、措施等制定相应的协调配合管理机制和流程规范。

本次房屋建筑承灾体调查工作需要协调的单位、人员和配合的工作内容见表2-2。

表2-2　　　　　　　　各 方 协 作 情 况

序号	单 位	人 员	协调配合的工作内容
1	海淀区房管局	主要领导、主管领导、牵头科室	参与房屋建筑调查的调查员队伍严格按照海淀区房管局的指示精神开展房屋建筑调查工作。项目组在海淀区房管局的统一领导下，通过项目启动会、各方协调会等形式，积极协调，调度街道、乡镇、相关行政主管部门等单位协助该次房屋建筑调查
2	第三方内业调查机构	项目负责人及相关人员	与第三方内业调查项目组密切联系，及时获取最新的内业数据，按时、保质、保量完成数据汇总和上报工作
3	乡镇人民政府	主要领导和主管领导、村建办、综治办、安全科	指挥、协调、调度乡镇的相关科室和下属单位，协助调查队伍开展房屋建筑调查。 建立村委会人员联络表，提供已有的一些基础信息资料，包括：村镇边界、地籍信息、住宅信息、抗震加固、农房改造、危房改造、安全鉴定等成果数据
4	行政主管部门	海淀区卫生健康委、海淀区教委、海淀民政局、区商务局、海淀区文化和旅游局、海淀区体育局	提供已有的下属单位房屋建筑的建筑物信息，协助调查队伍开展医院、学校、社会服务机构（养老院、福利院、救助站）、饭店、旅游景点、体育场馆等各自管辖范围内的房屋建筑调查工作
5	社区居委会	社区居委会领导和相关科室业务负责人	提供辖区内房屋建筑的建造时间、建筑面积、建筑地址、户数、社区平面图等已有信息，协助调查队伍开展房屋建筑调查
6	村委会	村委会领导和相关科室业务负责人	利用村委会的广播系统，宣传房屋普查工作，提高入户工作效率；协调村民资源，协助调查队伍开展房屋建筑调查
7	物业单位	物业单位负责人和相关业务人员	提供物业单位管辖小区的房屋建筑的建造时间、建筑面积、建筑地址、户数、平面图等相关信息，协助调查队伍开展房屋建筑调查

（三）内部沟通协调机制

保障信息沟通渠道畅通及工作协调，始终坚持报送工作日报、工作周报、制订倒排工作计划，统一标准统一规范。项目部每周向海淀区房管局进行工作汇报。周报示例如图 2-9 所示。

××街镇房屋建筑承灾体调查周报			
一、基本情况			
街镇名称			
街镇管理负责人姓名		街镇管理负责人电话	
街镇建筑总量（栋）			
城镇房屋建筑量（栋）		农村房屋建筑量（栋）	
社区个数			
二、投入情况			
投入调查人员数（人）			
分组数量（组）			
外业调查设备数量			
PC机数量			
其他投入情况			
三、实施情况			
技术流程概述	沟通前置，提前与社区人员联系，现场收集房屋资料，进行信息填报		
培训情况	已完成内外业培训		
完成总量（栋）		完成比例（%）	
城镇房屋建筑完成量（栋）		农村房屋建筑完成量（栋）	
每组每天完成量（栋）			
未完成的房屋建筑总量（栋）		未完成的比例（%）	
调查中的城镇房屋建筑量（栋）		调查中的农村房屋建筑量（栋）	
拒测数量		拒测图斑占比	
四、质量检查情况			
质量控制方式	自检、内外业一检、内外业二检。调查人员自己自检，合格后，同小组人员进行一检，专门质检人员进行二检		
实施调查人员自检情况	自检比例100%，存在层数错误、填错字段位置、面积与实际不符的		
街镇调查负责人是否开展质量检查	已开展	街镇调查负责人质量检查方式	外业随机检查
检查量		问题数量	
检查比例		问题比例（问题数量/检查量）	
主要质量问题概述	1.地址填写错误；2.调查人信息不完善；3.调查面积与实际不符		
质量问题解决方式	返回调查人员进行整改，并加强对该调查人员的培训		
五、存在问题及困难			
沟通协调方面	房管专员表示有数据，但是因为权限的问题，不方便提供		
拒测问题方面	拒测的比例较高，大部分为国企、学校、机关单位等		
联系机制方面	城中村地区，管理单位有社区居委会和村委会，村委会掌握着部分资料，但村委会并没有接到该项目开展的通知，配合度不太高		
技术方面	无		
底图方面	城中村私搭乱建较多，不住人，底图中也未显示，是否需要调查		
软硬件方面	App是否可以新增加筛选的功能、比如哪些图斑进行过一检、二检		
指标填报方面	无		
资源配置方面（人力）	无		
其他方面	无		
六、下一步工作计划			
1.对之前未填报完整的图斑进行补充 2.继续进行质量检查 3.对拒测的图斑进行统一沟通协调			
七、外业调查预计完成时间（本街道）			

图 2-9 周报示例图

五、技术培训

（一）培训目的

培训工作是准备阶段和实施阶段的重要环节，通过系统性、开放式、模块化的培训，达到以下目标：

（1）使相关参与人员深刻认识风险普查工作的重要性，增强参与人员的责任性和使命感。

（2）使相关参与人员深入了解风险普查的目标、主要任务、普查的范围、内容以及主要的技术路线，掌握普查工作各项任务的工作流程、步骤、技术方法、质量控制方法以及成果汇交形式。

（3）使相关参与人员获得持续性的培训和反馈，建设一支专业、高效、文明的普查队伍，为风险普查项目顺利开展提供人员保障和技术支撑。

（4）加强全国防灾减灾救灾行业体系建设。通过培训，使工作人员能够充分认识到我国自然灾害基本国情和工作短板，更加科学地掌握致灾规律，全面提升综合防灾能力，为降低自然灾害风险、构建人类命运共同体作出积极贡献。

（二）培训内容

（1）承灾体普查工作的目标、任务、调查内容、工作流程与技术方法以及成果要求。

（2）各类房屋建筑承灾体调查表的属性结构、指标说明和填报要求。

（3）多种数据的采集方法，空间信息制备与数据处理，软件使用。

（三）培训对象

1. 项目的行政负责人、实施普查工作的技术管理人员和专业技术人员

培训目标使管理人员熟悉灾害普查总体框架和业务流程，能够借助此次培训对整个项目进行监督、指挥等。

2. 镇村及以下的普查指导员和普查员

培训目标：使他们掌握整个灾害普查业务流程，能够配合技术人员进行项目指导及落实。

3. 其他与普查工作密切相关的各类机构的工作人员

培训目标：对业务操作人员的培训，目的是使他们掌握整个灾害普查业务流程，熟练掌握其技术流程，并能针对项目实施操作。

（四）培训方式

鉴于普查房屋建筑时间紧、任务重，在培训方式上将采取多种培训方式

相结合的模式进行。主要培训方式分为：入场前集中培训、入场后集中培训、分散培训。

根据工作进度安排，提前组织调查人员开展业务培训。培训内容包括现场工作调查要求和信息采集表填写要求、软件系统电脑端和移动端的使用与维护等。调查人员应提前知晓调查内容、调查程序，并进行试调查。

业务培训由各级政府主管部门组织实施，配合不同调查阶段，面向不同层级的调查人员进行培训，培训工作应当充分结合当地农村建筑实际情况，在通用性要求前提下对地方农村房屋的特点、结构型式、建设情况和普遍存在问题进行梳理，加强培训宣贯的针对性，提高调查工作的实效。

通过培训，使学员掌握本系统本专业普查工作的总体目标、内容、技术方法、流程、实施进度和成果验收等；重点掌握各项普查工作表的结构、指标说明和填报要求；掌握多种数据的采集方法、空间信息制备与数据处理、软件平台的操作使用；了解普查工作中，各级各环节质量控制的基本要求和管理等。

1. 现场集中授课

培训采用现场培训的形式。现场培训期间以集中面授为主，辅以软件等多媒体手段，授课时要有实际案例模拟。通过培训保证所有参加培训的人员都能熟练掌握相关普查内容和技术方法。

实行统筹培训，制定统一的培训标准。遵循统一的标准规范、统一的技术手段、保障获取统一协调的普查成果。培训风险调查的总体目标与总体任务、总体技术方案和带有共性的技术方法与标准规范。

2. 网络手段辅助培训

项目主要负责人及技术人员通过观看腾讯会议直播及回放，参加由国家及北京市、海淀区邀请的专家开展的线上培训，深入进行工作内容与技术指标、建筑结构、玻璃幕墙调查等培训。

在调查过程中根据最新的技术要求及作业过程中出现的问题，以专家答疑的形式，不定期地举行线上的技术交流会，确保工作可以有序稳定地开展。项目参与人员登录"全国住建系统领导干部在线学习平台"，点击"全国自然灾害综合风险普查房屋建筑和市政设施调查技术网络培训"，在线上回看课程学习，查阅学习资料。如果在实际操作中遇到问题，可搜索相关资料，或者在论坛中发帖提问，培训老师及时答疑。同时普查员还可以在论坛中互相讨论，交流工作经验，提出意见和建议。培训老师可据此进行讲评、反思与总结，并改进培训工作。

（五）培训教材

培训教材依据国务院第一次全国自然灾害综合风险普查领导小组办公室编制的教材，增加海淀区调查内容，主要包括总体教材、专业教材和工具教材。

1. 总体教材 1 本

《海淀区灾害综合风险普查培训总体教材》主要内容包括总体目标任务、主要内容、组织分工、管理体系、技术路线、进度安排、调查流程、汇交原则、调查规章制度等。

2. 专业教材 8 本

（1）《承灾体调查培训教材》主要内容包括房屋建筑承灾体调查对象和范围，调查表结构和具体指标（空间位置、几何形状、数量、功能属性等）的解释，调查表的填报，成果汇总与审核等。

（2）《制图专题培训教材》主要内容包括制图软件的安装和应用，空间数据处理，制图内容，制图的技术、方法和流程，成果汇总与审核等。

（3）《统计分析专题培训教材》主要内容包括统计分析软件应用、数据的收集处理、统计分析方法等。

（4）《名词基础专题培训教材》主要内容包括调查工作中专业名词的解释和应用。

（5）《成果汇交专题培训教材》主要内容包括调查成果验收的组织实施，检查验收的内容与方法，检查验收的程序、注意事项等。

（6）《质检专题培训教材》主要内容包括质量要求、质量管理的方法、质量检查依据、质检的技术和方法等。

（7）《实施专题培训教材》主要内容包括调查的目标与任务、调查的对象与范围、实施的技术路线与流程、调查成果的质量控制、调查组织与进度安排等。

（8）《房屋建筑承灾体调查重点难点问答》主要汇总调查工作的重点问题以及调查员在实际操作中遇到的疑点、难点问题，形成专题解答。

3. 工具教材 2 本

（1）《移动端 App 外业调查用户手册》指导外业 App 操作。

（2）《PC 端用户手册》指导外业调查核查 PC 端操作。

（六）考核方式

所有培训要设置考核环节，确保培训取得实质性效果。采用现场考核的形式，对参培人员逐一考核，培训考核合格后颁发相关培训证明。根据项目的工作内容和特点，培训考核采用书面考试和模拟入户操作评测两种方式。

书面考试：为了保证培训效果，确保工作人员掌握普查工作的各项要求，我们在培训前会准备多套考试问卷。在培训完成后通过线上答题的方式要求所有参与培训人员进行书面考试。

模拟入户操作评测：所有参与入户调查的调查员在正式开始调查工作前，将进行模拟入户操作，我们将根据实际情况设计多种入户情景，考核老师根据调查员的表现进行评价打分。

若考核不合格的人员将采取如下措施：

（1）计入绩效考核扣分项。

（2）再次安排培训。

（3）安排二次考试。

（4）直到合格为止，若一直不能胜任，则调离项目。

（七）培训完成情况

1. 区级培训

组织举办综合和专题线下培训、线上课程录制、在线答疑、培训教材编制等；宣传工作方案制定印发、新闻发布会组织召开，宣传手册、海报、宣传片制作与投放等。

2021年7月29—30日，海淀区房管局组织辖区内各房管所以及辖区600余家物业，开展安全生产、全国第一次灾害综合风险普查的宣传工作。

2021年8月25—27日，在清河街道安宁北路社区、安宁里社区、四街社区开展灾害普查试点工作并进行全国灾害普查宣传工作。

2021年9月10日下午，海淀区房管局依托"房管干部走社区"专项工作的开展，到清河街道美和园社区宣传房屋建筑承灾体调查工作。

2021年10月9日，海淀区房管局召开房屋建筑承灾体调查培训会（图2-10）。组织各中标单位学习灾害普查技术标准以及调查软件的使用培训（图2-11）。

海淀区房管局制作了街道明白卡、社区村明白卡以及外业调查队伍调查技术线路线明白卡，增强街道、社区、村基层工作人员对房屋承灾体调查项目的认识，加深外业调查队伍对调查技术路线的认知。

海淀区房管局建立了房屋调查疑问群，实时解决外业调查遇到的问题；建立了房屋调查问题集共享文档，实时更新问题集内容；及时反馈住房城乡建设部下发的问题内容。所有参与监测人员均组织参加培训，并进行考核；确保监测任务顺利进行。

图 2-10　海淀区培训照片　　　　　图 2-11　现场实操培训照片

2. 作业单位培训

各作业单位组织参加市住房城乡建设委的房屋调查培训视频会，就现场调查出现的问题以及对项目的了解为调查人员进行培训（图 2-12）。

图 2-12　作业单位参加培训照片

3. 明白卡制作情况

针对街镇、社区、村分别制作明白卡，辅助基层工作人员了解项目工作，便于基层人员配合调查。

针对外业调查人员制作调查技术路线明白卡，便于调查人员了解工作流程、调查方法，使外业调查工作更加顺利。

六、质量控制

（一）质量控制的任务与目标

质量控制任务是针对生产组织方式、技术方法、成果要求等实际情况，从管理制度、技术标准、组织实施等方面构建和完善房屋调查质量控制体系，强化过程质量控制、严控成果质量检验，确保调查成果质量。

目标是使成果质量合格率达到 100％，确保调查成果质量持续改进和稳步提升。

（二）质量控制原则

为保障调查成果质量全面、真实、准确，参与项目各部门的技术质量组负责本部门的质量管理工作，按照统一的质量管理要求和标准规范，质量管理贯穿生产的全过程，并重点检查填报指标中的重要内容、工作的关键节点和薄弱环节。有针对性地制定应对策略，凡事落在细上、落在小上、落在实上，力争做到不因小事而轻视，确保类似问题不再发生。

（三）质量控制总体要求

（1）实行全过程的质量控制，层层落实质量目标责任制，做到谁主管谁负责；优化人员结构，落实责任到个人，具体为：作业人员对其所完成的作业质量负责；上道工序对提交下道工序的成果负责；作业组、部门对汇交的成果质量负责；各级检查对其所检查的成果质量负责。

（2）做好生产前的技术培训工作，参加生产人员要统一技术、质量标准及作业方法、流程，做到内化于心、外化于行、固化于制。

（3）实行"二级检查、一级验收"制度，分级层层落实质量责任制。承担单位的作业部门负责一级检查，承担单位负责组织成立独立的项目质量检查组进行成果的二级检查。

（4）加强生产过程中的工序成果质量控制，对生产过程的重点环节成果质量进行检查，经检查合格后进行下一道工序的作业。

（5）质检工作有组织、按计划开展，各级检查均独立认真地完成。

（6）各级质检机构要有专人对检查出的问题进行汇总，并经常组织质检人员相互交流，保证检查尺度的一致性。

（7）各级检查员记录检查发现的质量问题，同时提出明确的处理意见，以便作业员理解存在的问题，有利于问题处理的一致性。检查记录随生产成果资料一并上交。

（四）质量控制措施

（1）认真学习相关技术规定，掌握技术路线、指标要求和工艺流程等要求，为专业设计奠定基础。根据项目的具体情况，完成专业技术设计书的编写，并组织进行评审、报批。

（2）自上而下进一步完善质量管理机构，制定生产作业要求及切实可行的生产实施方案。正确识别生产全过程，保证生产过程各工序的生产计划、组织机构、仪器设备、技术质量等方面得到有效控制。

（3）选拔有工作经验、具备相应技术能力的生产人员从事生产、技术、质量管理及成果质量的检查工作。

（4）参加项目调查人员经过培训和考核，合格后方允许上岗，且尽量保持该项目调查人员的稳定性。

（5）在调查准备前期，对参与调查的作业人员、各级检查人员、技术管理人员，都进行技术交底工作，掌握技术与质量要求，熟悉工艺流程和关键技术环节。

（6）加强质量检查人员及作业人员对项目重要性和延续性的认识，增强质量意识，特别是质量检查人员，按照谁主管、谁签字、谁负责的原则，责任落实到个人。

（7）认真分析已有专题资料，正确使用。

（8）成果上交前经过质量检查验收、软件检查。

（9）加大过程跟踪检查力度，把质量问题消灭在作业过程中。

第三章 方 案 设 计

第一节 设 计 引 用 文 件

一、标准文件

以下是本次调查遵循的标准规范。其中未注明日期的引用文件，其最新版本适用于本次调查。

（1）GB 50223《建筑工程抗震设防分类标准》

（2）GB 50011《建筑抗震设计规范》

（3）GB 50023《建筑抗震鉴定标准》

（4）FXPC/ZJG－02《第一次全国自然灾害综合风险普查技术规范　城镇房屋建筑调查技术导则》

（5）FXPC/ZJG－03《第一次全国自然灾害综合风险普查技术规范　农村房屋建筑调查技术导则》

（6）GB/T 24356—2023《测绘成果质量检查与验收》

（7）GB/T 18316—2008《数字测绘成果质量检查与验收》

（8）GB/T 15968—2008《遥感影像平面图制作规范》

（9）GB/T 13989—2012《国家基本比例尺地形图分幅和编号》

（10）GB/T 45001—2020《职业健康安全管理体系要求及使用指南》

（11）CH 1016—2008《测绘作业人员安全规范》

（12）GB/T 15968—2008《遥感影像平面图制作规范》

二、技术规定

以下是本次调查遵循的技术要求。其中未注明日期的引用文件，其最新版本适用于本方案。

（1）《全国房屋建筑和市政设施调查软件系统数据建库标准规范（房屋建筑全国版）》

（2）《第一次全国自然灾害综合风险普查数据与成果汇交和入库管理办

法（修订稿）》

    （3）《全国灾害综合风险普查实施方案（征求意见稿）》

    （4）《全国灾害综合风险普查总体方案》

    （5）《国家减灾委员会办公室关于开展全国灾害综合风险通知》

    （6）《北京市第一次全国自然灾害综合风险普查房屋建筑调查实施方案》

    （7）《第一次全国自然灾害综合风险普查房屋建筑和市政设施调查实施方案》

    （8）《海淀区第一次全国自然灾害综合风险普查房屋建筑调查实施方案》

第二节　主要技术要求

一、数学精度及要求

（一）底图数据采集平面精度

数据采集精度，即采集的建筑界线和位置与影像上建筑的边界和位置的对应程度。影像上分界明显单体建筑的边界采集精度原则上应控制在 5 个像素以内。特殊情况，如高层建筑物遮挡、阴影等，采集精度原则上应控制在 10 个像素以内。在外业过程中，对新增加的房屋，且无参考资料的情况，需要根据现场实际情况进行数据采集，保证轮廓形状及相对位置基本正确。由于摄影时存在侧视角，导致具有一定高度的建筑在影像上产生的移位差，数据采集时需要进行处理，以符合采集精度要求。若内外业作业精度不一致，按照低等精度定级。

（二）外业调查部分字段要求

（1）建筑面积：建筑各层水平面积的总和，以平方米为单位，精确到 10 平方米。

（2）建筑高度：指房屋的总高度，指室外地面到主要屋面板板顶或檐口的高度，半地下室从地下室室内地面算起，全地下室和嵌固条件好的半地下室可从室外地面算起；对带阁楼的坡屋面应算到山尖墙的 1/2 高度处。以米为单位，精确到 1.0 米。

山地建筑的计算高度的室外地面起算点，对于掉层结构，当大多数竖向抗侧力构件嵌固于上接地端时宜以上接地端起算，否则宜以下接地端起算；对于吊脚结构，当大多数竖向构件仍嵌固于上接地端时，宜以上接地端起算，否则宜以较低接地端起算。

二、数据表结构

（一）总体属性说明

房屋建筑承灾体调查属性字段来源为《城镇房屋建筑调查技术导则》《农村房屋建筑调查技术导则》中要求调查的内容指标和海淀既有建筑物数据、海淀大平台数据、建筑物管理单位信息、住宅楼房住宅套数信息、入驻企业信息等新增的属性字段。

按照现有融合后的底图数据，外业仅需对已填报的属性进行核实，并调查其他缺失属性即可。

（二）属性项约束条件

属性项约束条件包括必选（M）、可选（O）和条件必选（C）三种类型。定义为 M 的属性项，有值的必须填写，不能为空，确定没有值的填写缺省值；定义为 O 的属性项，数据源中有相应信息的应尽可能填写，缺少信息的可根据收集到的行业资料或外业监测资料填写，否则填写缺省值；定义为条件 C 的属性项，针对特定条件下的要素必须填写，非特定条件下的要素视为可选属性项。约束条件为 O 或 C 时，不符合设定条件的要素只需填写该属性项的缺省值。

（三）成果图层属性表

海淀区房屋建筑承灾体调查成果矢量包括城镇住宅建筑、城镇非住宅建筑、农村独立住宅建筑、农村集合住宅建筑和农村非住宅建筑，其图层属性表见表 3-1、表 3-2、表 3-3、表 3-4 和表 3-5。

表 3-1　　　　　　　　　　城镇住宅建筑图层属性表

序号	字段名称	字段代码	字段类型	字段长度	小数位数	值　域	约束条件	备　注
1	编号	bh	varchar	32			C	UUID，全表唯一，导出时坚决不允许在外部编辑修改该字段；外部新增的数据需按 UUID 规则生成，位数为 32 位
2	编号1	bh1	varchar	32			M	
3	省行政编码	province	varchar	6			M	
4	市行政编码	city	varchar	6			M	
5	区县行政编码	district	varchar	6			M	

续表

序号	字段名称	字段代码	字段类型	字段长度	小数位数	值 域	约束条件	备 注
6	镇街行政编码	town	varchar	12			M	
7	村居行政编码	village	varchar	12			M	
8	房屋编号	fwbh	varchar	15			M	房屋编号，6位区县代码+9位顺序码，区县房屋表内唯一
9	房屋类别	fwlb	varchar	100		A-1城镇房屋类别字典表	M	
10	现场调查情况	xcdcqk	varchar	100			O	0.不需调查
11	不需调查原因	bxdcyy	varchar	500		图斑与实际情况不相符；在建房屋；处于依法确定的不对外开放场所/区域；其他不在本次调查内情况（可在备注中说明具体情况）	O	
12	小区名称	mc	varchar	200			M	
13	建筑名称	jzmc	varchar	100			M	
14	所属社区名称	sssqmc	varchar	200			M	
15	是否产权登记	sfcqdj	varchar	10		A-2城镇房屋是否产权登记字典表	M	
16	产权类别	cqlb	varchar	100			M	
17	产权单位（产权人）	cqdw	varchar	50			O	
18	套数	taoshu_qg	int	4			M	当为城镇住宅时，必填
19	建筑地址（在底图选取定位）	jzdz	varchar	254			M	
20	建筑地址_路（街、巷）	lu_qg	varchar	100			M	
21	建筑地址_号	hao_qg	varchar	100			M	
22	建筑地址_栋	dong_qg	varchar	100			M	
23	建筑物类别	jzwlb	varchar	50			M	
24	地上层数	dscs	int	4			M	

续表

序号	字段名称	字段代码	字段类型	字段长度	小数位数	值　域	约束条件	备　注
25	地下层数	dxcs	int	4			M	
26	建筑高度	gd	float	8	2		M	
27	调查面积	dcmj	float	8	2		M	
28	地上建筑面积	dsjzmj	float	8	2		C	
29	地下建筑面积	dxjzmj	float	8	2		C	
30	建成时间	build_time	varchar	4			M	精确到年（yyyy）
31	结构类型	czfwjglx	varchar	100		A－3 城镇住宅结构类型字典表	M	
32	其他结构类型	qtjglx	varchar	100		竹结构； 土结构； 石结构； 混合结构； 组合结构； 混杂结构； 其他	C	当结构类型选择其他时，则必填
33	砌体结构	qtjg	varchar	100		A－4 城镇住宅二级结构类型（砌体结构）字典表	C	当结构类型选择砌体结构则必填
34	是否采用减隔震	sfcyjgz	varchar	100		A－13 城镇房屋是否采用减隔震字典表	M	
35	是否保护性建筑	sfbhxjz	varchar	100		A－14 城镇房屋是否保护性建筑字典表	M	
36	是否专业设计建造	sfzysjjz	varchar	10		D－1 是否专业设计建造字典表	M	
37	有无肉眼可见明显裂缝、变形、倾斜	ywlfbxqx	varchar	10		D－4 有无肉眼可见明显裂缝、变形、倾斜字典表	M	
38	有无明显可见的裂缝、变形、倾斜等照片1id	bxsslid	varchar	32			C	若"有无明显可见的裂缝、变形、倾斜等"选择了"是"，则需要拍摄照片。有无明显可见的裂缝、变形、倾斜等照片1id

序号	字段名称	字段代码	字段类型	字段长度	小数位数	值　域	约束条件	备　注
39	有无明显可见的裂缝、变形、倾斜等照片2 id	bxss2id	varchar	32			C	若"有无明显可见的裂缝、变形、倾斜等"选择了"是",则需要拍摄照片。有无明显可见的裂缝、变形、倾斜等照片2 id
40	是否进行过改造	sfszcg	varchar	10		D-2是否进行过改造字典表	M	
41	改造时间	gzsj	varchar	50			C	若进行过改造,则必填。精确到年(yyyy)
42	是否进行过抗震加固	sfkzjg	varchar	10		D-3是否进行抗震加固造字典表	M	
43	加固时间	jgsj	varchar	50			C	若进行过加固,则必填。精确到年(yyyy)
44	是否进行过节能保温	sfjxgjnbw	varchar	10			M	
45	节能保温时间	jnbwsj	varchar	50			C	
46	是否完成三供一业(央产)交接/市属非经移交(非经济类移交)	sfwcsgyyjj	varchar	10			M	
47	交接时间	jjsj	varchar	50			C	
48	原物业管理单位	ywygldw	varchar	200			C	
49	有无物业管理	ywwygl	varchar	10		D-5有无物业管理字典表	M	
50	管理单位类型	gldwlx	varchar	100			M	
51	物业是否存在分楼层/分单元管理	wysffldgl	varchar	10			C	
52	管理单位名称	gldwmc	varchar	200			M	
53	管理负责人姓名	glfzrxm	varchar	50			M	

续表

序号	字段名称	字段代码	字段类型	字段长度	小数位数	值 域	约束条件	备 注
54	管理负责人电话	glfzrdh	varchar	50			M	
55	照片1 id	zp1id	varchar	32			M	现场照片1 id
56	照片2 id	zp2id	varchar	32			C	现场照片2 id
57	照片3 id	Zp3id	varchar	32			C	现场照片3 id
58	照片4 id	Zp4id	varchar	32			C	现场照片4 id
59	采集数据来源	cjsjly	varchar	100			M	
60	备注	bz	varchar	1000			O	
61	调查人	dcr	varchar	50			M	
62	联系电话	lxdh	varchar	50			M	
63	调查人组织	org_name	varchar	100			M	
64	调查时间	dcsj	date				M	格式：yyyy - mm - dd hh：mm：ss
65	调查状态	status	varchar	100		全部为1	M	
66	一级检查（内外业情况）	yjjcqk	varchar	100			M	
67	一级检查员	yjjcy	varchar	100			M	
68	一级检查日期	yjjcrq	varchar	100			M	
69	一级检查复核确认	yjjcfhqr	varchar	100			M	
70	二级内业检查情况	ejnyjcqk	varchar	100			C	
71	二级内业检查员	ejnyjcy	varchar	100			C	
72	二级内业检查日期	ejnyjcrq	varchar	100			C	
73	二级内业检查复核确认	ejnyjcfhqr	varchar	100			C	
74	二级外业检查情况	ejwyjcqk	varchar	100			C	
75	二级外业检查员	ejwyjcy	varchar	100			C	
76	二级外业检查日期	ejwyjcrq	varchar	100			C	

序号	字段名称	字段代码	字段类型	字段长度	小数位数	值域	约束条件	备注
77	二级外业检查复核确认	ejwyjcfhqr	varchar	100			C	
78	内业录入检查情况	nylrjcqk	varchar	100			C	
79	录入检查员	lrjcy	varchar	100			C	
80	录入日期	lrrq	varchar	100			C	
81	内业录入二级检查情况	nylrejjcqk	varchar	100			C	
82	内业录入二级检查员	nylrejjcy	varchar	100			C	
83	内业录入二级检查日期	nylrejjcrq	varchar	100			C	
84	内业录入复核确认	nylrfuqr	varchar	100			C	

表 3-2　　　　　　　　城镇非住宅建筑图层属性表

序号	字段名称	字段代码	字段类型	字段长度	小数位数	值域	约束条件	备注
1	编号	bh	varchar	32			C	UUID，全表唯一，导出时坚决不允许在外部编辑修改该字段；外部新增的数据需按 UUID 规则生成，位数为 32 位
2	编号1	bh1	varchar	32			M	
3	省行政编码	province	varchar	6			M	
4	市行政编码	city	varchar	6			M	
5	区县行政编码	district	varchar	6			M	
6	镇街行政编码	town	varchar	12			M	
7	村居行政编码	village	varchar	12			M	
8	房屋编号	fwbh	varchar	15			M	房屋编号，6 位区县代码＋9 位顺序码，区县房屋表内唯一
9	房屋类别	fwlb	varchar	100		A-1 城镇房屋类别字典表	M	

续表

序号	字段名称	字段代码	字段类型	字段长度	小数位数	值域	约束条件	备注
10	现场调查情况	xcdcqk	varchar	100			O	0. 不需调查
11	不需调查原因	bxdcyy	varchar	254		图斑与实际情况不相符；在建房屋；处于依法确定的不对外开放场所/区域；其他不在本次调查内情况（可在备注中说明具体情况）	O	
12	单位名称	mc	varchar	200			M	
13	建筑名称	jzmc	varchar	100			M	
14	所属社区名称	sssqmc	varchar	200			M	
15	是否产权登记	sfcqdj	varchar	10		A－2 城镇房屋是否产权登记字典表	M	
16	产权类别	cqlb	varchar	100			M	
17	产权单位（产权人）	cqdw	varchar	50			O	
18	套数	taoshu_qg	int	4			O	
19	是否有玻璃幕墙	ywblmq	varchar	10			M	
20	玻璃幕墙类型	blmqlx	varchar	100			C	
21	玻璃幕墙面积/m²	blmqmj	float	8	2		C	
22	竣工时间	jungongsj	varchar	100			C	
23	设计使用年限	sjsynx	varchar	100			C	
24	是否进行定期巡检	Sfjxdqxj	varchar	10			C	
25	玻璃是否存在破裂	blsfczpl	varchar	10			C	
26	开启窗是否配件齐全、安装牢固、松动、锈蚀、脱落、开关灵活	kqcsfzc	varchar	10			C	

续表

序号	字段名称	字段代码	字段类型	字段长度	小数位数	值域	约束条件	备注
27	受力构件是否连接牢固	slgjsfljlg		10			C	
28	结构胶是否存在与基础无分离、干硬、龟裂、粉化	jgjwyc		10			C	
29	玻璃幕墙照片id	blmqzpid	varchar	32			C	
30	建筑地址（在底图选取定位）	jzdz	varchar	254			M	
31	建筑地址_路（街、巷）	lu_qg	varchar	100			M	
32	建筑地址_号	hao_qg	varchar	100			M	
33	建筑地址_栋	dong_qg	varchar	100			M	
34	建筑物类别	jzwlb	varchar	50			M	
35	地上层数	dscs	int	4			M	
36	地下层数	dxcs	int	4			M	
37	建筑高度	gd	float	8	2		M	
38	调查面积	dcmj	float	8	2		M	
39	地上建筑面积	dsjzmj	float	8	2		C	
40	地下建筑面积	dxjzmj	float	8	2		C	
41	建成时间	build_time	varchar	4			M	精确到年（yyyy）
42	结构类型	czfwjglx	varchar	100		A-5城镇非住宅结构类型字典表	M	
43	其他结构类型	qtjglx	varchar	100		竹结构；土结构；石结构；混合结构；组合结构；混杂结构；其他	C	当结构类型选择其他时，则必填
44	砌体结构	qtjg	varchar	100		A-6城镇非住宅二级结构（砌体结构）字典表	C	当结构类型选择砌体结构时，则必填

续表

序号	字段名称	字段代码	字段类型	字段长度	小数位数	值域	约束条件	备注
45	钢筋混凝土结构	gjhntjg	varchar	100		A-7 城镇非住宅二级结构（钢筋混凝土）字典表	C	当结构类型选择钢筋混凝土时，则必填
46	非住宅房屋用途	fwyt	varchar	100		A-8 城镇非住宅房屋用途字典表	M	
47	其他非住宅房屋用途	qtfwyt	varchar	200			C	若结构类型选择了其他，则必填
48	办公建筑	bgjz	varchar	100		A-12 城镇非住宅房屋用途（办公建筑）字典表	C	当房屋用途选择办公建筑时，则必填
49	商业建筑	syjz	varchar	100		A-11 城镇非住宅房屋用途（商业建筑）字典表	C	当房屋用途选择商业建筑时，则必填
50	文化建筑	whjz	varchar	100		A-10 城镇非住宅房屋用途（文化建筑）字典表	C	当房屋用途选择文化建筑时，则必填
51	综合建筑	zhjz	varchar	100		A-9 城镇非住宅房屋用途（综合建筑）字典表	C	当房屋用途选择综合建筑时，则必填
52	是否采用减隔震	sfcyjgz	varchar	100		A-13 城镇房屋是否采用减隔震字典表	M	
53	是否保护性建筑	sfbhxjz	varchar	100		A-14 城镇房屋是否为保护性建筑字典表	M	
54	是否专业设计建造	sfzysjjz	varchar	10		D-1 是否为专业设计建造字典表	M	
55	有无肉眼可见明显裂缝、变形、倾斜	ywlfbxqx	varchar	10		D-4 有无肉眼可见明显裂缝、变形、倾斜字典表	M	
56	有无明显可见的裂缝、变形、倾斜等照片1 id	bxss1id	varchar	32			C	若"有无明显可见裂缝、变形、倾斜等"选择了"是"，则需要拍摄照片。有无明显可见的裂缝、变形、倾斜等照片1 id

57

续表

序号	字段名称	字段代码	字段类型	字段长度	小数位数	值 域	约束条件	备 注
57	有无明显可见的裂缝、变形、倾斜等照片2 id	bxss2id	varchar	32			C	若"有无明显可见裂缝、变形、倾斜等"选择了"是",则需要拍摄照片。有无明显可见的裂缝、变形、倾斜等照片2 id
58	是否进行过改造	sfszcg	varchar	10		D-2是否进行过改造字典表	M	
59	改造时间	gzsj	varchar	50			C	若进行过改造,则必填。精确到年(yyyy)
60	是否进行过抗震加固	sfkzjg	varchar	100		D-3是否进行过抗震加固字典表	M	
61	加固时间	jgsj	varchar	50			C	若进行过加固,则必填。精确到年(yyyy)
62	是否进行过节能保温	sfjxgjnbw	varchar	10			M	
63	节能保温时间	jnbwsj	varchar	50			C	若进行过节能保温,则必填。精确到年(yyyy),多次加固的房子使用逗号分隔,如2020,2021
64	有无物业管理	ywwygl	varchar	10		D-5有无物业管理字典表	M	
65	管理单位类型	gldwlx	varchar	100			M	
66	物业是否存在分楼层/分单元管理	wysffldgl	varchar	10			C	
67	管理单位名称	gldwmc	varchar	200			M	
68	管理负责人姓名	glfzrxm	varchar	50			M	
69	管理负责人电话	glfzrdh	varchar	50			M	
70	采集数据来源	cjsjly	varchar	100			M	
71	照片1 id	zp1id	varchar	32			M	现场照片1 id
72	照片2 id	zp2id	varchar	32			C	现场照片2 id

续表

序号	字段名称	字段代码	字段类型	字段长度	小数位数	值域	约束条件	备注
73	照片 3 id	Zp3id	varchar	32			C	现场照片 3 id
74	照片 4 id	Zp4id	varchar	32			C	现场照片 4 id
75	备注	bz	varchar	254			O	
76	调查人	dcr	varchar	50			M	
77	联系电话	lxdh	varchar	50			M	
78	调查人组织	org_name	varchar	100			M	
79	调查时间	dcsj	date				M	格式：yyyy－mm－dd hh：mm：ss
80	调查状态	status	varchar	100		全部为 1	M	
81	一级检查（内外业情况）	yjjcqk	varchar	100			M	
82	一级检查员	yjjcy	varchar	100			M	
83	一级检查日期	yjjcrq	varchar	100			M	
84	一级检查复核确认	yjjcfhqr	varchar	100			M	
85	二级内业检查情况	ejnyjcqk	varchar	100			C	
86	二级内业检查员	ejnyjcy	varchar	100			C	
87	二级内业检查日期	ejnyjcrq	varchar	100			C	
88	二级内业检查复核确认	ejnyjcfhqr	varchar	100			C	
89	二级外业检查情况	ejwyjcqk	varchar	100			C	
90	二级外业检查员	ejwyjcy	varchar	100			C	
91	二级外业检查日期	ejwyjcrq	varchar	100			C	
92	二级外业检查复核确认	ejwyjcfhqr	varchar	100			C	
93	内业录入检查情况	nylrjcqk	varchar	100			C	

序号	字段名称	字段代码	字段类型	字段长度	小数位数	值 域	约束条件	备 注
94	录入检查员	lrjcy	varchar	100			C	
95	录入日期	lrrq	varchar	100			C	
96	内业录入二级检查情况	nylrejjcqk	varchar	100			C	
97	内业录入二级检查员	nylrejjcy	varchar	100			C	
98	内业录入二级检查日期	nylrejjcrq	varchar	100			C	
99	内业录入复核确认	nylrfuqr	varchar	100			C	

表 3-3 　　　　　　　　　　农村独立住宅建筑图层属性表

序号	字段名称	字段代码	字段类型	字段长度	小数位数	值 域	约束条件	备 注
1	编号	bh	varchar	32			C	UUID,全表唯一,导出时坚决不允许在外部编辑修改该字段;外部新增的数据需按 UUID 规则生成,位数为 32 位
2	编号1	bh1	varchar	32			C	
3	省行政编码	province	varchar	6			M	
4	市行政编码	city	varchar	6			M	
5	区县行政编码	district	varchar	6			M	
6	镇街行政编码	town	varchar	12			M	
7	村居行政编码	village	varchar	12			M	
8	房屋编号	fwbh	varchar	15			M	房屋编号,6 位区县代码+9 位顺序码,区县房屋表内唯一
9	房屋类别	fwlb	varchar	4			M	应全部为 0130
10	房屋类型	house_type	int	4			M	应全部为 1
11	现场调查情况	xcdcqk	varchar	100			O	0. 不需调查

续表

序号	字段名称	字段代码	字段类型	字段长度	小数位数	值　域	约束条件	备　注
12	不需调查原因	bxdcyy	varchar	500		图斑与实际情况不相符；　在建房屋；　处于依法确定的不对外开放场所/区域；　其他不在本次调查内情况（可在备注中说明具体情况）	O	
13	住宅房屋类型	fwlx	varchar	100		B-1农村住宅房屋类型字典表	M	
14	辅助用房所属主房id	zz_bh_qg	varchar	32			C	当房屋是辅助用房时，需要填写该房子属于哪个主房
15	建筑地址	jzdz	varchar	254			M	
16	地址_组	zu_qg	varchar	100			M	
17	地址_路（街、巷）	lu_qg	varchar	100			M	
18	地址_号	hao_qg	varchar	100			M	
19	户主姓名	hzxm	varchar	200			M	独立住宅需要填写
20	户主类型	hzlx_qg	varchar	100		1：产权人，2：使用人	C	独立住宅需要填写
21	建筑物类别	jzwlb	varchar	10		1：楼房，2：平房		
22	地上层数	dscs	int	4			M	
23	地下层数	dxcs	int	4			M	
24	调查面积	dcmj	float	8	2		M	
25	建造年代	jznd_qg	varchar	100		D-9建造年代字典表	M	
26	结构类型	jglx_qg	varchar	100		B-2农村独立住宅结构类型字典表	M	
27	其他结构类型	qtjglx_qg	varchar	100			C	若结构类型选择其他，则必填
28	承重墙体	czqt_qg	varchar	100		D-10承重墙字典表	C	
29	楼屋盖	lwg_qg	varchar	100		D-11楼屋盖字典表	C	可以多选，多个用英文逗号分隔

续表

序号	字段名称	字段代码	字段类型	字段长度	小数位数	值　域	约束条件	备　注
30	是否为底部框架砌体结构	dbkjqt_qg	varchar	10		1：是，0：否	C	
31	土木结构二级类	tmjg_qg	varchar	100		D-12 土木结构二级类字典表	C	
32	建造方式	jzfs_qg	varchar	100		D-13 建造方式字典表	M	
33	其他建造方式	qtjzfs_qg	varchar	100			C	
34	是否经过安全鉴定	sfjgaqjd	varchar	10		D-8 是否经过安全鉴定字典表	M	
35	鉴定时间	aqjdnf	varchar	50			C	若经过安全鉴定，则必填。精确到年（yyyy）
36	鉴定或评定结论	aqjdjl	varchar	10		B-4 农村房屋鉴定结论字典表	C	
37	鉴定或评定结论（是否安全）	jdsfaq	varchar	10			C	0：不安全，1：安全
38	是否进行专业设计	fwsjfs	varchar	10		D-6 是否进行专业设计字典表	M	
39	是否采取抗震构造措施	sfkz_qg	varchar	10		1：是，0：否	M	
40	抗震构造措施	kzgzcs_qg	varchar	200		D-14 农村房屋抗震构造措施字典表	O	可以多选，多个用英文逗号分隔。如选择了基础地圈梁、构造柱需要填写1圈梁，2构造柱
41	抗震构造措施照片	kzcszp_qg	varchar	32			C	若"是否采用抗震构造措施"选择"是"，则需要拍摄"照片。抗震构措施照片id
42	是否进行过抗震加固	sfkzjg	varchar	10		D-3 是否进行抗震加固造字典表	M	
43	加固时间	jgsj	varchar	50			C	
44	有无肉眼可见明显裂缝、变形、倾斜	ywlfbxqx	varchar	10		D-4 有无肉眼可见明显裂缝、变形、倾斜字典表	M	

续表

序号	字段名称	字段代码	字段类型	字段长度	小数位数	值域	约束条件	备注
45	变形损伤照片1 id	bxss1id	varchar	32			C	若"有无肉眼可见明显裂缝、变形、倾斜等"选择了"是"，则需要拍摄照片。有无肉眼可见明显裂缝、变形、倾斜等照片1 id
46	变形损伤照片2 id	bxss2id	varchar	32			C	若"有无肉眼可见明显裂缝、变形、倾斜等"选择了"是"，则需要拍摄照片。有无明显可见的裂缝、变形、倾斜等照片2 id
47	照片1 id	zp1id	varchar	32			M	现场照片1 id
48	照片2 id	zp2id	varchar	32			C	现场照片2 id
49	照片3 id	Zp3id	varchar	32			C	现场照片3 id
50	照片4 id	Zp4id	varchar	32			C	现场照片4 id
51	采集数据来源	cjsjly	varchar	100			M	
52	备注	bz	varchar	254			O	
53	调查人	dcr	varchar	50			M	
54	联系电话	lxdh	varchar	50			M	
55	调查人组织	org_name	varchar	100			M	
56	调查时间	dcsj	date				M	格式：yyyy－mm－dd hh：mm：ss
57	调查状态	status	varchar	100		全部为1	M	
58	一级检查（内外业情况）	yjjcqk	varchar	100			M	
59	一级检查员	yjjcy	varchar	100			M	
60	一级检查日期	yjjcrq	varchar	100			M	
61	一级检查复核确认	yjjcfhqr	varchar	100			M	
62	二级内业检查情况	ejnyjcqk	varchar	100			C	
63	二级内业检查员	ejnyjcy	varchar	100			C	

续表

序号	字段名称	字段代码	字段类型	字段长度	小数位数	值域	约束条件	备注
64	二级内业检查日期	ejnyjcrq	varchar	100			C	
65	二级内业检查复核确认	ejnyjcfhqr	varchar	100			C	
66	二级外业检查情况	ejwyjcqk	varchar	100			C	
67	二级外业检查员	ejwyjcy	varchar	100			C	
68	二级外业检查日期	ejwyjcrq	varchar	100			C	
69	二级外业检查复核确认	ejwyjcfhqr	varchar	100			C	
70	内业录入检查情况	nylrjcqk	varchar	100			C	
71	录入检查员	lrjcy	varchar	100			C	
72	录入日期	lrrq	varchar	100			C	
73	内业录入二级检查情况	nylrejjcqk	varchar	100			C	
74	内业录入二级检查员	nylrejjcy	varchar	100			C	
75	内业录入二级检查日期	nylrejjcrq	varchar	100			C	
76	内业录入复核确认	nylrfuqr	varchar	100			C	

表3-4　　　　　　　　农村集合住宅建筑图层属性表

序号	字段名称	字段代码	字段类型	字段长度	小数位数	值域	约束条件	备注
1	编号	bh	varchar	32			C	UUID,全表唯一,导出时坚决不允许在外部编辑修改该字段;外部新增的数据需按UUID规则生成,位数为32位
2	编号1	bh1	varchar	32			M	
3	省行政编码	province	varchar	6			M	

64

序号	字段名称	字段代码	字段类型	字段长度	小数位数	值 域	约束条件	备 注
4	市行政编码	city	varchar	6			M	
5	区县行政编码	district	varchar	6			M	
6	镇街行政编码	town	varchar	12			M	
7	村居行政编码	village	varchar	12			M	
8	房屋编号	fwbh	varchar	15			M	房屋编号，6位区县代码＋9位顺序码，区县房屋表内唯一
9	房屋类别	fwlb	varchar	100			M	应全部为0130
10	房屋类型	house_type	int	4			M	应全部为1
11	现场调查情况	xcdcqk	varchar	100			O	0. 不需调查
12	不需调查原因	bxdcyy	varchar	500		图斑与实际情况不相符；在建房屋；处于依法确定的不对外开放场所/区域；其他不在本次调查内情况（可在备注中说明具体情况）	O	
13	住宅房屋类型	fwlx	varchar	100		B-1农村住宅房屋类型字典表	M	
14	建筑地址	jzdz	varchar	254			M	
15	地址_组	zu_qg	varchar	100			M	
16	地址_路（街、巷）	lu_qg	varchar	100			M	
17	地址_号	hao_qg	varchar	100			M	
18	建筑（小区）名称	jzmc	varchar	100			M	
19	楼栋号或名称	ldh_qg	varchar	100			M	
20	住宅套数	azhs	int	4				
21	竣工时间	jungongsj	varchar	100			M	
22	设计使用年限	sjsynx	varchar	100			M	
23	有无物业管理	ywwygl	varchar	10		D-5 有无物业管理字典表	M	
24	管理单位名称	gldwmc	varchar	200			M	

序号	字段名称	字段代码	字段类型	字段长度	小数位数	值　域	约束条件	备　注
25	管理负责人姓名	glfzrxm	varchar	50			M	
26	管理负责人电话	glfzrdh	varchar	50			M	
27	管理单位类型	gldwlx	varchar	100			M	
28	建筑物类别	jzwlb	varchar	50			M	
29	地上层数	dscs	int	4			M	
30	地下层数	dxcs	int	4			C	
31	调查面积	dcmj	float	8	2		M	
32	地上建筑面积	dsjzmj	float	8	2		C	
33	地下建筑面积	dxjzmj	float	8	2		C	
34	建造年代	jznd_qg	varchar	100		D-9 建造年代字典表	M	
35	结构类型	jglx_qg	varchar	100		B-3 农村集合住宅结构类型字典表	M	
36	其他结构类型	qtjglx_qg	varchar	100			C	若结构类型选择其他，则必填
37	承重墙体	czqt_qg	varchar	100		D-10 承重墙体字典表	C	
38	楼屋盖	lwg_qg	varchar	100		D-11 楼屋盖字典表	C	可以多选，多个用英文逗号分隔
39	是否底部框架砌体结构	dbkjqt_qg	varchar	10		1：是，0：否	C	
40	土木结构	tmjg_qg	varchar	100		D-12 土木结构二级类字典表	C	
41	建造方式	jzfs_qg	varchar	100		D-13 建造方式字典表	M	
42	其他建造方式	qtjzfs_qg	varchar	100			M	
43	是否经过安全鉴定	sfjgaqjd	varchar	10		D-8 是否经过安全鉴定字典表	M	
44	鉴定时间	aqjdnf	varchar	50			C	若经过安全鉴定，则必填。精确到年（yyyy）
45	鉴定或评定结论	aqjdjl	varchar	10		B-4 农村房屋鉴定结论字典表	C	

续表

序号	字段名称	字段代码	字段类型	字段长度	小数位数	值 域	约束条件	备 注
46	鉴定或评定结论（是否安全）	jdsfaq	varchar	10			C	0：不安全，1：安全
47	是否进行专业设计	fwsjfs	varchar	10		D-6是否进行专业设计字典表	M	
48	是否进行过抗震加固	sfkzjg	varchar	10		D-3是否进行抗震加固改造字典表	M	
49	加固时间	jgsj	varchar	50			C	
50	是否采取抗震构造措施	sfkz_qg	varchar	10		1：是，0：否	M	
51	抗震构造措施	kzgzcs_qg	varchar	200		D-14农村房屋抗震构造措施字典表	O	可以多选，多个用英文逗号分隔。如选择了基础地圈梁、构造柱需要填写1圈梁，2构造柱
52	抗震构造措施照片id	kzcszp_qg	varchar	32			C	若"是否采取抗震构造措施"选择"是"，则需要拍摄照片。抗震构造措施照片id
53	有无肉眼可见明显裂缝、变形、倾斜等	ywlfbxqx	varchar	10		D-4有无肉眼可见明显裂缝、变形、倾斜字典表	M	
54	变形损伤照片1id	bxss1id	varchar	32			C	若"有无肉眼可见明显裂缝、变形、倾斜等"选择了"是"，则需要拍摄照片。有无肉眼可见明显裂缝、变形、倾斜等照片1id
55	变形损伤照片2id	bxss2id	varchar	32			C	若"有无明显裂缝、变形、倾斜等"选择了"是"，则需要拍摄照片。有无明显可见的裂缝、变形、倾斜等照片2id
56	照片1id	zp1id	varchar	32			M	现场照片1id

续表

序号	字段名称	字段代码	字段类型	字段长度	小数位数	值域	约束条件	备注
57	照片 2 id	zp2id	varchar	32			C	现场照片 2 id
58	照片 3 id	Zp3id	varchar	32			C	现场照片 3 id
59	照片 4 id	Zp4id	varchar	32			C	现场照片 4 id
60	采集数据来源	cjsjly	varchar	100			M	
61	备注	bz	varchar	254			O	
62	调查人	dcr	varchar	50			M	
63	联系电话	lxdh	varchar	50			M	
64	调查人组织	org_name	varchar	100			M	
65	调查时间	dcsj	date				M	格式：yyyy－mm－dd hh：mm：ss
66	调查状态	status	varchar	100		全部为 1	M	
67	一级检查（内外业情况）	yjjcqk	varchar	100			M	
68	一级检查员	yjjcy	varchar	100			M	
69	一级检查日期	yjjcrq	varchar	100			M	
70	一级检查复核确认	yjjcfhqr	varchar	100			M	
71	二级内业检查情况	ejnyjcqk	varchar	100			C	
72	二级内业检查员	ejnyjcy	varchar	100			C	
73	二级内业检查日期	ejnyjcrq	varchar	100			C	
74	二级内业检查复核确认	ejnyjcfhqr	varchar	100			C	
75	二级外业检查情况	ejwyjcqk	varchar	100			C	
76	二级外业检查员	ejwyjcy	varchar	100			C	
77	二级外业检查日期	ejwyjcrq	varchar	100			C	
78	二级外业检查复核确认	ejwyjcfhqr	varchar	100			C	

续表

序号	字段名称	字段代码	字段类型	字段长度	小数位数	值　域	约束条件	备　注
79	内业录入检查情况	nylrjcqk	varchar	100			C	
80	录入检查员	lrjcy	varchar	100			C	
81	录入日期	lrrq	varchar	100			C	
82	内业录入二级检查情况	nylrejjcqk	varchar	100			C	
83	内业录入二级检查员	nylrejjcy	varchar	100			C	
84	内业录入二级检查日期	nylrejjcrq	varchar	100			C	
85	内业录入复核确认	nylrfuqr	varchar	100			C	
86	一级检查（内外业情况）	yjjcqk	varchar	100			M	

表 3-5　　　　　　　　农村非住宅建筑图层属性表

序号	字段名称	字段代码	字段类型	字段长度	小数位数	值　域	约束条件	备　注
1	编号	bh	varchar	32			C	UUID，全表唯一，导出时坚决不允许在外部编辑修改该字段；外部新增的数据需按 UUID 规则生成，位数为 32 位
2	编号1	bh1	varchar	32			M	
3	省行政编码	province	varchar	6			M	
4	市行政编码	city	varchar	6			M	
5	区县行政编码	district	varchar	6			M	
6	镇街行政编码	town	varchar	12			M	
7	村居行政编码	village	varchar	12			M	
8	房屋编号	fwbh	varchar	15			M	房屋编号，6位区县代码+9位顺序码，区县房屋表内唯一
9	房屋类别	fwlb	varchar	100			M	应全部为0130
10	房屋类型	house_type	int	4			M	应全部为2

序号	字段名称	字段代码	字段类型	字段长度	小数位数	值域	约束条件	备注
11	现场调查情况	xcdcqk	varchar	100			O	0. 不需调查
12	不需调查原因	bxdcyy	varchar	500		图斑与实际情况不相符；在建房屋；处于依法确定的不对外开放场所/区域；其他不在本次调查内情况（可在备注中说明具体情况）	O	
13	建筑地址	jzdz	varchar	254			M	
14	地址_组	zu_qg	varchar	100			M	
15	地址_路（街、巷）	lu_qg	varchar	100			M	
16	地址_号	hao_qg	varchar	100			M	
17	房屋名称	jzmc	varchar	100			M	
18	姓名或单位名称	hzxm	varchar	200			C	
19	户主类型	hzlx_qg	varchar	10		1：产权人，2：使用人	C	
20	是否有玻璃幕墙	ywblmq	varchar	10		1：是，2：否	M	
21	玻璃幕墙类型	blmqlx	varchar	100		1：构件式，2：单元式，3：点支撑，4：全玻璃幕墙	C	
22	玻璃幕墙面积/m²	blmqmj	float	8	2		C	
23	竣工时间	jungongsj	varchar	100			C	
24	设计使用年限	sjsynx	varchar	100			C	
25	是否进行定期巡检	sfjxdqxj	varchar	10		1：是，2：否	C	
26	玻璃是否存在破裂	blsfczpl	varchar	10		1：是，2：否	C	
27	开启窗是否配件齐全、安装牢固、松动锈蚀、脱落、开关灵活	kqcsfzc	varchar	10		1：是，2：否	C	

续表

序号	字段名称	字段代码	字段类型	字段长度	小数位数	值　域	约束条件	备　注
28	受力构件是否连接牢固	slgjsfljlg	varchar	10		1：是，2：否	C	
29	结构胶是否存在与基础无分离、干硬、龟裂、粉化	jgjwyc	varchar	10		1：是，2：否	C	
30	玻璃幕墙照片id	blmqzpid	varchar	32			C	
31	有无物业管理	ywwygl	varchar	10		D-5有无物业管理字典表	M	
32	管理单位名称	gldwmc	varchar	200			M	
33	管理负责人姓名	glfzrxm	varchar	50			M	
34	管理负责人电话	glfzrdh	varchar	50			M	
35	管理单位类型	gldwlx	varchar	100		1：物业企业，2：单位自管，3：居民自管	M	
36	建筑物类别	jzwlb	varchar	50			M	
37	地上层数	dscs	int	4			M	
38	地上层数	dxcs	int	4				
39	建筑面积	jzmj	float	8	2		M	
40	地上建筑面积	dsjzmj	float	8	2		C	
41	地下建筑面积	dxjzmj	float	8	2		C	
42	建造年代	jznd_qg	varchar	100		D-9建造年代字典表	M	
43	结构类型	jglx_qg	varchar	100		C-2农村非住宅结构类型字典表	M	
44	其他结构类型	qtjglx_qg	varchar	50			C	若结构类型选择其他，则必填
45	承重墙体	czqt_qg	varchar	100		D-10承重墙体字典表	C	
46	楼屋盖	lwg_qg	varchar	100		D-11楼屋盖字典表	C	可以多选，多个用英文逗号分隔

续表

序号	字段名称	字段代码	字段类型	字段长度	小数位数	值　域	约束条件	备　注
47	是否底部框架砌体结构	dbkjqt_qg	varchar	10		1：是，0：否	C	
48	土木结构二级类	tmjg_qg	varchar	100		D-12 土木结构二级类字典表	C	
49	建造方式	jzfs_qg	varchar	100		D-13 建造方式字典表	M	
50	其他建造方式	qtjzfs_qg	varchar	100			M	
51	建筑用途	jzyt_qg	varchar	50		C-1农村非住宅建筑用途字典表	M	可以多选
52	其他建筑用途	qtjzyt_qg	varchar	100			C	若建筑用途选择其他，则必填
53	建筑用途二级选项-教育设施-是否为"中小学幼儿园教学用房及学生宿舍、食堂"	jyss_qg	varchar	10		1：是，0：否	C	若建筑用途选择教育设施，则必填
54	建筑用途二级选项-医疗设施-是否为"具有外科手术室或急诊科的乡镇卫生院医疗用房"	ylss_qg	varchar	10		1：是，0：否	C	若建筑用途选择医疗设施，则必填
55	是否经过安全鉴定	sfjgaqjd	varchar	10		D-8是否经过安全鉴定字典表	M	
56	鉴定时间	aqjdnf	varchar	4			C	若经过安全鉴定，则必填。精确到年（yyyy）
57	鉴定或评定结论	aqjdjl	varchar	10		B-4农村房屋鉴定结论字典表	C	
58	鉴定或评定结论（是否安全）	jdsfaq	varchar	10			C	0：不安全，1：安全
59	是否进行专业设计	fwsjfs	varchar	10		1：是，0：否	M	
60	是否采取抗震构造措施	sfkz_qg	varchar	10		1：是，0：否	M	

序号	字段名称	字段代码	字段类型	字段长度	小数位数	值　域	约束条件	备　注
61	抗震构造措施	kzgzcs_qg	varchar	200		D-14 农村房屋抗震构造措施字典表	O	可以多选，多个用英文逗号分隔。如选择了基础地圈梁、构造柱需要填写1圈梁，2构造柱
62	抗震构造措施照片 id	kzcszp_qg	varchar	32			O	若是否抗震构造措施选择"是"，则需要拍摄照片。抗震构造措施照片 id
63	是否进行过抗震加固	sfkzjg	varchar	10		D-3 是否进行抗震加固改造字典表	M	
64	加固时间	jgsj	varchar	50			C	若进行过加固，则必填。精确到年（yyyy）
65	有无肉眼可见明显裂缝、变形、倾斜	ywlfbxqx	varchar	10		D-4 有无肉眼可见明显裂缝、变形、倾斜字典表	M	
66	变形损伤照片1 id	bxss1id	varchar	32			C	若"有无肉眼可见明显裂缝、变形、倾斜等"选择了"是"，则需要拍摄照片。有无明显可见的裂缝、变形、倾斜等照片1 id
67	变形损伤照片2 id	bxss2id	varchar	32			C	若"有无肉眼可见明显裂缝、变形、倾斜等"选择了"是"，则需要拍摄照片。有无明显可见的裂缝、变形、倾斜等照片2 id
68	照片1 id	zp1id	varchar	32			M	现场照片1 id
69	照片2 id	zp2id	varchar	32			C	现场照片2 id
70	照片3 id	Zp3id	varchar	32			C	现场照片3 id
71	照片4 id	Zp4id	varchar	32			C	现场照片4 id
72	采集数据来源	cjsjly	varchar	100				
73	备注	bz	varchar	254			O	
74	调查人	dcr	varchar	50			M	

序号	字段名称	字段代码	字段类型	字段长度	小数位数	值 域	约束条件	备 注
75	联系电话	lxdh	varchar	50			M	
76	调查人组织	org_name	varchar	100			M	
77	调查时间	dcsj	date				M	格式：yyyy-mm-dd hh：mm：ss
78	调查状态	status	varchar	100			M	全部为1
79	一级检查（内外业情况）	yjjcqk	varchar	100			M	
80	一级检查员	yjjcy	varchar	100			M	
81	一级检查日期	yjjcrq	varchar	100			M	
82	一级检查复核确认	yjjcfhqr	varchar	100			M	
83	二级内业检查情况	ejnyjcqk	varchar	100			C	
84	二级内业检查员	ejnyjcy	varchar	100			C	
85	二级内业检查日期	ejnyjcrq	varchar	100			C	
86	二级内业检查复核确认	ejnyjcfhqr	varchar	100			C	
87	二级外业检查情况	ejwyjcqk	varchar	100			C	
88	二级外业检查员	ejwyjcy	varchar	100			C	
89	二级外业检查日期	ejwyjcrq	varchar	100			C	
90	二级外业检查复核确认	ejwyjcfhqr	varchar	100			C	
91	内业录入检查情况	nylrjcqk	varchar	100			C	
92	录入检查员	lrjcy	varchar	100			C	
93	录入日期	lrrq	varchar	100			C	
94	内业录入二级检查情况	nylrejjcqk	varchar	100			C	
95	内业录入二级检查员	nylrejjcy	varchar	100			C	

序号	字段名称	字段代码	字段类型	字段长度	小数位数	值　域	约束条件	备　注
96	内业录入二级检查日期	nylrejjcrq	varchar	100			C	
97	内业录入复核确认	nylrfuqr	varchar	100			C	

（四）成果文档文件

海淀区房屋建筑承灾体调查成果文档包括文件分组表、文件表、照片文件列表，见表3-6、表3-7、表3-8。

表3-6　　　　　　　　文 件 分 组 表

序号	字段名称	字段代码	字段类型	字段长度	小数位数	值　域	约束条件	备　注
1	id	id	varchar	32			M	UUID，全表唯一，外部新增的数据需按UUID规则生成，位数为32位。通过该字段与空间图层表中的"照片id"关联，获取房屋对应的照片组。每个房屋对应一个分组
2	上传时间	update_time	date	6			M	上传时间

表3-7　　　　　　　　文 件 表

序号	字段名称	字段代码	字段类型	字段长度	小数位数	值　域	约束条件	备　注
1	id	id	varchar	32			M	UUID，全表唯一，按UUID规则生成，位数为32位
2	文件名	file_name	varchar	100			M	文件名
3	文件路径	file_path	varchar	255			M	文件路径
4	组别	group_id	varchar	32			M	组别，用于关联uplaod_file_group表id字段，每个分组对应多张照片
5	扩展名	extension	varchar	10			M	扩展名

表 3 - 8　　　　　　　　　照 片 文 件 列 表

序号	字段名称	字段类型	字段长度	小数位数	值域	约束条件	备　　注
1	主文件夹名称	varchar	32			M	实体照片文件所在倒数第二级文件夹名称
2	子文件夹名称	varchar	100			M	实体照片文件所在倒数第一级文件夹名称
3	文件名	varchar	255			M	文件名
4	后缀名	varchar	32			M	扩展名

三、内容与指标

(一) 调查对象分类及定义

调查对象分为两大类五小类。其中两大类指城镇房屋建筑和农村房屋建筑；五小类指城镇住宅、城镇非住宅、农村独立住宅、农村集合住宅和农村非住宅。

下面的调查对象定义适用于本次调查范围。

(1) 城镇房屋建筑：指城镇国有土地上存在的所有住宅与非住宅类房屋。

(2) 农村房屋建筑：特指农村集体土地上的所有房屋建筑，包括住宅建筑和非住宅建筑。

(3) 城镇住宅建筑：指城镇国有土地上存在的住宅建筑。

(4) 城镇非住宅建筑：指城镇国有土地上存在的非住宅建筑。

(5) 农村独立住宅建筑：指农村集体土地上独栋住宅或单一院落中的房屋，也包括独立分户但多户宅基地相邻联排建造的住宅；当为联排住宅户间有明确分界时，应在底图补充。

(6) 农村集合住宅建筑：指农村集体土地上有多个居住单元，供多户居住的住宅，多户住宅内住户一般使用公共走廊和楼梯、电梯。

(7) 农村住宅辅助用房建筑：附属于住宅建筑，与住宅分开，非人员居住的其他辅助性功能建构筑物，用途包括并不限于厨房、厕所、车库、杂物间、养殖圈舍等。

(8) 农村非住宅建筑：除住宅建筑以外的其他农村房屋建筑，包括各类公共建筑、商业建筑、文化建筑、生产（仓储）建筑等。

(二) 内容与指标的填报说明

1. 城镇住宅

(1) 基本信息。内容包括小区名称、建筑名称、所属社区名称、是否产权登记、产权类别、产权单位（产权人）、套数、建筑地址等。

1）小区名称：指被调查建筑所在小区的名称。没有小区的填写"无小区"。

2）建筑名称：指被调查建筑的名称，如某某宿舍、某某教学楼等。无建筑名称的，填写文字性描述，如"某某某的住宅""某某路北第三排西起第二栋"等。

3）所属社区名称：指被调查建筑所在社区的名称。

4）是否产权登记：指调查房屋是否进行了产权登记。

5）产权类别：此次调查将产权分类为：业主共有、央产、市属单位、区属单位、镇属单位、区属直管公房、企业产权、私有产权、外市单位、涉外单位、军产和厂矿工业用房。对于产权类别按照实际产权单位所属类别选择，可多选。

6）产权单位（产权人）：是指房屋产权所有人为单位（或机构）的，称之为产权单位（个人产权不填写）。对于在我国住房制度改革以前由单位分给职工的、产权单位还存在的房屋按照实际产权单位填写，其余情况可以不填。产权单位有多个的均应逐一填写。

7）套数：指调查建筑的房屋套数。一套房屋指由居住空间和厨房、卫生间等共同组成的基本住宅单位。

8）建筑地址：可通过软件系统移动端在底图上选取定位，软件已有缺省项。应详细填写__省（市、区）__市（州、盟）__县（市、区、旗）__街道（镇）__社区__路（街、巷）__号__栋。

（2）建筑信息。内容包括建筑物类别、建筑层数（地上、地下分别统计）、建筑高度、建筑面积、建造时间、结构类型、是否采用减隔震、是否为保护性建筑、是否专业设计建造等。

1）建筑物类别：按照房屋实际情况分为楼房和平房两类。

2）建筑层数：建筑地上部分和地下部分的主体结构层数，不包括屋面阁楼、电梯间等附属部分，相关信息系统中一般均有登记数据。实际调查时若登记层数和实际层数不符，可初步判断房屋进行过改造。

3）建筑高度：指房屋的总高度，指室外地面到主要屋面板板顶或檐口的高度，半地下室从地下室室内地面算起，全地下室和嵌固条件好的半地下室可从室外地面算起；对带阁楼的坡屋面应算到山尖墙的1/2高度处。以米为单位，精确到1.0米。

山地建筑计算高度的室外地面起算点分为以下几种情况：对于掉层结

构，当大多数竖向抗侧力构件嵌固于上接地端时宜以上接地端起算，否则宜以下接地端起算；对于吊脚结构，当大多数竖向构件仍嵌固于上接地端时，宜以上接地端起算，否则宜以较低接地端起算。

如在相关信息系统中有登记数据的，可经核实无误后采用登记数据。没有登记的需要进行现场测量。

通过信息系统登记高度和实际高度有明显出入情况，可初步判断房屋是否进行过加层扩建。

4）建筑面积：建筑面积是指建筑物各层水平面积的总和，包括使用面积、辅助面积。如在相关信息系统中有登记数据的，可经核实无误后采用登记数据。没有登记的需要进行现场简单测量。建筑面积以平方米为单位，精确到0.1平方米。

发现信息系统登记面积和实际面积有明显出入时，可初步判断房屋进行过改、扩建。

5）建造时间：指设计建造的时间，填写到年。相关信息系统中一般均有登记数据。现场调查可通过询问业主核实信息准确与否。

6）结构类型：此次调查将结构类型按照结构承重构件材料简化分类为：砌体结构、钢筋混凝土结构、钢结构、木结构和其他。

7）是否采用减隔震：指所调查的房屋是否采用了减隔震技术。

8）是否保护性建筑：指所调查的房屋是否为文物保护建筑或历史建筑。其中文物保护建筑指依据《中华人民共和国文物保护法》等法律法规认定的各级文物保护单位内，被认定为不可移动文物的建筑物。历史建筑指根据《历史文化名城名镇名村保护条例》确定公布的历史建筑。

9）是否为专业设计建造：是指该建筑是否是在建设方的统一协调下由具有相应资质的勘察单位、设计单位、建筑施工企业、工程监理单位等建造完成。

（3）抗震设防基本信息。该部分内容将依据表中第一部分的基本信息，通过软件后台自动生成。

（4）房屋建筑使用情况。内容包括变形损伤、改造情况、抗震加固、节能保温、三供一业情况、物业管理、管理单位类型、管理单位名称、管理负责人姓名和管理负责人电话等。

1）变形损伤：有无肉眼可见的明显裂缝、变形、倾斜等缺陷，指静载下有无前述严重缺陷。

2）是否进行过改造：指从竣工验收后的房屋改造情况，可登录房屋建筑所在地既有房屋安全管理系统，获取房屋改造、抗震加固等相关信息，可现场询问并通过房屋建筑面积、层数和高度等校核改造情况。

3）改造时间：房屋建筑竣工验收后再次进行改造的时间，一般指房屋改造设计建造的时间，若多次改造可填写最后改造的时间，填写到年。

4）是否进行过抗震加固：指房屋建筑竣工验收之后，是否进行过结构抗震加固。

5）抗震加固时间：房屋建筑竣工验收后进行抗震加固的时间，一般指房屋抗震加固设计建造的时间，若多次加固可填写最后加固的时间，填写到年。

6）是否进行过节能保温：指房屋建筑竣工验收之后，是否进行过节能保温。

7）节能保温时间：房屋建筑竣工验收后进行节能保温的时间，一般指房屋节能保温设计建造的时间，若多次节能保温可填写最后节能保温的时间，填写到年。

8）是否完成三供一业（央产）交接/市属非经移交（非经济类移交）：指包括企业和科研院所等国企，将家属区水、电、暖和物业管理职能是否完成从国企剥离，转由社会专业单位实施管理。

9）交接时间：完成三供一业（央产）交接/市属非经移交（非经济类移交）时间，填写到年。

10）原物业管理单位：完成三供一业（央产）交接/市属非经移交（非经济类移交）之前物业管理单位名称。

11）物业管理：有无物业管理；物业是否存在分楼层/分单元管理。

12）管理单位类型：

此次调查将管理单位分类为：物业企业（物业服务企业、统管房屋）、直管公房（市、区级共产房屋）和单位自管（非经资产、学校、医院、军休所、办公区、其他）。

13）管理单位名称：是指该建筑的管理单位。

14）管理负责人姓名：是指该建筑的管理单位负责人。

15）管理负责人电话：是指该建筑的管理单位负责人电话，尽可能是座机。

2. 城镇非住宅

（1）基本信息。内容包括单位名称；建筑名称；所属社区名称；是否产权登记；产权类别；产权单位（产权人）；套数；是否有玻璃幕墙，玻璃幕墙类型，玻璃幕墙面积，玻璃幕墙竣工时间，玻璃幕墙设计使用年限，玻璃幕墙是否进行定期巡检，玻璃幕墙是否存在破裂，玻璃幕墙开启窗是否配件齐全、安装牢固、松动、锈蚀、脱落、开关灵活，玻璃幕墙受力构件是否连接牢固，玻璃幕墙结构胶是否存在与基础无分离、干硬、龟裂、粉化；建筑地址等。

1）单位名称（非住宅建筑）：是指房屋使用单位的名称，如某某公司等。

2）建筑名称：指被调查建筑的名称，如某某宿舍、某某教学楼等。无建筑名称的，填写文字性描述，如"某某某的住宅""某某路北第三排西起第二栋"等。

3）所属社区名称：指被调查建筑所在社区的名称。

4）是否产权登记：指调查房屋是否进行产权登记。

5）产权类别：此次调查将产权分类为业主共有、央产、市属单位、区属单位、镇属单位、区属直管公房、企业产权、私有产权、外市单位、涉外单位、军产和厂矿工业用房。对于产权类别按照实际产权单位所属类别选择，可多选。

6）产权单位：是指房屋产权所有人为单位（或机构）的，称之为产权单位（个人产权不填写）。非住宅类房屋建筑就填写房屋产权所有单位（或机构）。

7）套数：指调查建筑的房屋套数。

8）玻璃幕墙：调查建筑是否有玻璃幕墙，若有玻璃幕墙，玻璃幕墙类型：包括构件式、单元式、点支撑、全玻璃幕墙；玻璃幕墙面积：面积以平方米为单位，精确到 10.0 平方米；竣工时间：指设计建造的时间，填写到年。设计使用年限；是否进行定期巡检，是否存在破裂，开启窗是否配件齐全、安装牢固、松动、锈蚀、脱落、开关灵活，受力构件是否连接牢固，结构胶是否存在与基础无分离、干硬、龟裂、粉化。

9）建筑地址：可通过软件系统移动端在底图上选取定位，软件已有缺省项。应详细填写＿省（市、区）＿市（州、盟）＿县（市、区、旗）＿街道（镇）＿社区＿路（街、巷）＿号＿栋。

（2）建筑信息。内容包括建筑物类别、建筑层数（地上、地下分别统计）、建筑高度、建筑面积、建造时间、结构类型、建筑用途、是否采用减隔震、是否为保护性建筑、是否专业设计建造等。

1）建筑物类别：按照房屋实际情况分为楼房和平房两类。

2）建筑层数：建筑地上部分和地下部分的主体结构层数，不包括屋面阁楼、电梯间等附属部分，相关信息系统中一般均有登记数据。实际调查时若登记层数和实际层数不符，可初步判断房屋进行过改造。

3）建筑高度：指房屋的总高度，指室外地面到主要屋面板板顶或檐口的高度，半地下室从地下室室内地面算起，全地下室和嵌固条件好的半地下室可从室外地面算起；对带阁楼的坡屋面应算到山尖墙的1/2高度处。以米为单位，精确到0.1米。

山地建筑的计算高度的室外地面起算点可分为以下几种情况：对于掉层结构，当大多数竖向抗侧力构件嵌固于上接地端时宜以上接地端起算，否则宜以下接地端起算；对于吊脚结构，当大多数竖向构件仍嵌固于上接地端时，宜以上接地端起算，否则宜以较低接地端起算。

如在相关信息系统中有登记数据的，可经核实无误后采用登记数据。没有登记的需要进行现场测量。

信息系统登记高度和实际高度有明显出入的情况，可初步判断房屋是否进行过加层扩建。

4）建筑面积：是指建筑物各层水平面积的总和，包括使用面积、辅助面积。如在相关信息系统中有登记数据的，可经核实无误后采用登记数据。没有登记的需要进行现场简单测量。建筑面积以平方米为单位，精确到10.0平方米。

发现信息系统登记面积和实际面积有明显出入时，可初步判断房屋进行过改建、扩建。

5）建造时间：指设计建造的时间，填写到年。相关信息系统中一般均有登记数据。现场调查可通过询问业主核实信息准确与否。

6）结构类型：此次调查将结构类型按照结构承重构件材料简化分类为砌体结构、钢筋混凝土结构、钢结构、木结构和其他。但对于中小学幼儿园等教育建筑、医疗建筑、福利院建筑等，因为涉及重点设防类的一些规定，故又在砌体结构里增加了二级选项：即底部框架-抗震墙砌体房屋、内框架砌体房屋；在钢筋混凝土结构增加了二级选项即是否为单跨框架结构选项。

7）建筑用途：本次调查考虑抗震设防、防灾减灾等各因素将非住宅房屋用途归列为：中小学幼儿园教学楼宿舍楼等教育建筑、其他学校建筑、医疗建筑、福利院建筑、养老建筑、办公建筑（科研实验楼、其他）、疾控消防等救灾建筑、商业建筑〔金融（银行）建筑、商场建筑、酒店旅馆建筑、餐饮建筑、其他〕、文化建筑（剧院电影院音乐厅礼堂、图书馆文化馆、博物馆展览馆、档案馆、其他)、体育建筑、通信电力交通邮电广播电视等基础设施建筑、纪念建筑、宗教建筑、综合建筑(住宅和商业综合、办公和商业综合、其他)、工业建筑、仓储建筑、其他等。其中"其他学校建筑"是指除中小学幼儿园教育建筑以外的学校建筑,如大学建筑、中等职业技术学校建筑等。其余各个分项用途类别里的"其他"是指除了列出的以外的次用途类别,"其他"类是指前述情况中没有罗列的房屋用途。

8)是否采用减隔震:指所调查的房屋在是否采用了减隔震技术。

9)是否为保护性建筑:指所调查的房屋是否为文物保护建筑或历史建筑。其中文物保护建筑指依据《中华人民共和国文物保护法》等法律法规认定的各级文物保护单位内,被认定为不可移动文物的建筑物。历史建筑指根据《历史文化名城名镇名村保护条例》确定公布的历史建筑。

10)是否专业设计建造:是指该建筑是否是在建设方的统一协调下由具有相应资质的勘察单位、设计单位、建筑施工企业、工程监理单位等建造完成。

(3)抗震设防基本信息。该部分内容将依据表中第一部分的基本信息,通过软件后台自动生成。

(4)房屋建筑使用情况。内容包括变形损伤、是否进行过改造、是否进行过抗震加固、节能保温时间、物业管理、管理单位类型、管理单位名称、管理负责人姓名和管理负责人电话等。

1)变形损伤:有无肉眼可见明显裂缝、变形、倾斜等缺陷,指静载下有无前述严重缺陷。

2)是否进行过改造:指从竣工验收后的房屋改造情况,可登录房屋建筑所在地既有房屋安全管理系统,获取房屋改造、抗震加固等相关信息,可现场询问并通过房屋建筑面积、层数和高度等校核改造情况。

3)改造时间:房屋建筑竣工验收后再次进行改造的时间,一般指房屋改造设计建造的时间,若多次改造可填写最后改造的时间,填写到年。

4)是否进行过抗震加固:指房屋建筑竣工验收之后,是否进行过结构抗震加固。

5)抗震加固时间:房屋建筑竣工验收后进行抗震加固的时间,一般指房屋抗震加固设计建造的时间,若多次加固可填写最后加固的时间,填写到年。

6)是否进行过节能保温:指房屋建筑竣工验收之后,是否进行过节能保温。

7）节能保温时间：房屋建筑竣工验收后进行节能保温的时间，一般指房屋节能保温设计建造的时间，若多次节能保温可填写最后节能保温的时间，填写到年。

8）物业管理：有无物业管理；物业是否存在分楼层/分单元管理。

9）管理单位类型：此次调查将管理单位分类为：物业企业（物业服务企业、统管房屋）、直管公房（市、区级共产房屋）、单位自管（非经资产、学校、医院、军休所、办公区、其他）、城镇私有平房、居民自管和街镇兜底。

10）管理单位名称：是指该建筑的管理单位。

11）管理负责人姓名：是指该建筑的管理单位负责人。

12）管理负责人电话：是指该建筑的管理单位负责人电话，尽可能是座机。

3. 农村独立住宅

（1）基本信息。内容包括建筑地址、户主姓名和户主类型等。

1）建筑地址：房屋具体地址，确保准确详细。可直接填写或通过移动端 App 在底图中选取定位并进行核对确认。路（街巷）、号为选填。

2）户主姓名：取得房屋产权登记的，产权人姓名应与不动产登记证书一致。在难以获取产权人信息的情况下，可填报户主、使用人或承租人姓名。同一栋房屋有多户居住时，可填报多个产权人或户主等信息。

3）户主类型：户主是产权人还是使用人。

（2）建筑信息。内容包括建筑物类别、建筑层数、建筑面积、建造年代、结构类型、建造方式和安全鉴定等。

1）建筑物类别：按照房屋实际情况分为楼房和平房两类。

2）建筑层数：地面以上建筑主体主要层数，夹层及局部突出（如楼梯间、局部突出小房等）不计入，若有地下层数，填写地下层数。

3）建筑面积：建筑各层水平面积的总和，以平方米为单位，精确到10平方米。可通过现场简单测量、查询导入信息或由调查移动端自动生成获得。

4）建造年代：指房屋建筑建成投入使用的年代。

5）结构类型：按照结构承重构件材料简化分类，包括砖石结构、土木结构、混杂结构、窑洞、钢筋混凝土结构、钢结构等。选择砖石结构或土木结构的，应在二级选项中继续勾选承重墙体、楼（屋）面主要材料，并填报是否为底层框架砌体结构。

农房地域差异大，地方材料和建造方式多样，当上述结构类型不能涵盖时，可结合地方情况补充，勾选"其他"并简要说明。

6）建造方式：根据实际建设情况填写，主要包括自行建造、建筑工匠建造、有资质的施工队伍建造等方式，若为其他方式需填报并进行简要说明。

自行建造指农户自行组织劳力，自己动手或请亲友、村民协助建造。

建筑工匠建造指农户出资委托建筑工匠建造，通常为有经验的建筑工匠带几个小工的小包工队形式。

有资质的施工队伍建造指农户出资聘请有施工资质的施工队伍建造。

7）安全鉴定：根据现状房屋安全性鉴定情况选择填报"是否经过安全鉴定"，调查人员无须现场对房屋开展安全性鉴定，而是根据已完成的鉴定或评估报告如实填写鉴定结论。当调查农房未经过安全性鉴定，填报"否"。当房屋开展了安全性鉴定，填报"是"并填报"鉴定时间"和"鉴定结论"。

调查填报的安全鉴定信息是指对现状房屋开展的鉴定：当房屋进行过不止一次安全性鉴定时，应填报最新一次安全性鉴定的鉴定结论；在农村房屋安全隐患排查中开展了安全评估或鉴定（指对初判存在安全隐患的房屋委托专业机构开展的专业安全性鉴定）的，应准确填报安全鉴定结论。调查时点前通过拆除新建或维修加固实现房屋安全的，不填报改造或整治前的鉴定结论。

有安全性鉴定结论的优先填报鉴定结论，没有安全性鉴定结论但有安全性评定结论的填报评定结论。

根据安全性鉴定结论勾选以下选项：A级、B级、C级、D级；或者根据安全性评定结论勾选以下选项：安全、不安全。

相关知识备注：农村住房安全性分为A级、B级、C级、D级四个等级。A级：结构能满足安全使用要求，承重构件未发现危险点，房屋结构安全。B级：结构基本满足安全使用要求，个别承重构件处于危险状态，但不影响主体结构安全。C级：部分承重结构不能满足安全使用要求，局部出现险情，构成局部危房。D级：承重结构已不能满足安全使用要求，房屋整体出现险情，构成整幢危房。

判定依据：①2009—2017年，《农村危险房屋鉴定技术导则（试行）》（2019年修订并更名）；②2017年8月28日发布建村〔2017〕192号文，附件《危房改造认定表》；③2019年11月28日发布建村函〔2019〕

200号，《住房城乡建设部关于印发〈农村住房安全性鉴定技术导则〉的通知》。

（3）抗震设防信息。内容包括专业设计、抗震构造措施、抗震加固和变形损伤情况。

1）专业设计：指委托有资质的建筑设计单位或专业设计人员进行农房建筑工程设计，或采用农房设计标准图集，由有资质的建筑设计单位设计制图，县级及以上住房和建设行政管理部门正式发布供农户建房使用的标准图集。

对于选"是"的农房，可认为基本满足建筑抗震设计要求。

2）抗震构造措施：当"是否采取抗震构造措施"选择"是"时，填报具体措施，此项可多选。

圈梁、构造柱是农房中采用最普遍的抗震构造措施，用于砖、砌块墙体承重的砌体房屋，可提高房屋整体性和抗震能力。

如果采取了其他抗震构造措施，可在"其他"项下的二级选项中选择。

当房屋装修后不易直观判断构造措施设置情况时，可通过询问户主和当地工匠等方式了解情况，确认属实后勾选填报；难以确定时不填，选取典型部位拍照1～3张。

3）抗震加固：是否进行抗震加固，对于实施了抗震加固且验收合格的农房，选"是"，并填写加固实施时间。

对于选"是"的农房，可认为基本满足加固实施时的抗震设防目标要求。

4）变形损伤：有无明显墙体裂缝、屋面塌陷、墙柱倾斜、地基沉降等。主要在现场通过观察进行判断，并与产权人或使用人充分沟通了解。当现场调查发现存在变形损伤时，应拍照记录，选取典型部位拍照1～3张。

变形损伤为房屋现状情况，并非抗震改造之前的情况。

4. 农村集合住宅

（1）基本信息。内容包括建筑地址、建筑（小区）名称、楼栋号或名称、住宅套数、竣工时间、设计使用年限、物业管理、管理单位类型、管理单位名称、管理负责人姓名和管理负责人电话等。

1）建筑地址：房屋具体地址，确保准确详细。可直接填写或通过移动端App在底图中选取定位并进行核对确认。

2）建筑（小区）名称：被调查建筑所在小区的名称。统规统建的集中安置房、政策性搬迁安置房等填写安置项目名称，如××小区等。没有小区名称的填写"无小区"。集合住宅有小区的应填写每栋建筑的楼栋号或名称。

3）住宅套数：指成套住宅的数量。成套住宅是由居住空间和厨房、卫生间等共同组成的基本住宅单位。

4）物业管理：有无物业管理；物业是否存在分楼层/分单元管理。

5）管理单位类型：此次调查将管理单位分类为物业企业（物业服务企业、统管房屋）和单位自管（非经资产、学校、医院、军休所、办公区、其他）。

6）管理单位名称：是指该建筑的管理单位。

7）管理负责人姓名：是指该建筑的管理单位负责人。

8）管理负责人电话：是指该建筑的管理单位负责人电话，尽可能是座机。

（2）建筑信息。内容包括建筑物类别、建筑层数、建筑面积、建造年代、结构类型、建造方式和安全鉴定等。

1）建筑物类别：按照房屋实际情况分为楼房和平房两类。

2）建筑层数：地面以上建筑主体主要层数，夹层及局部突出（如楼梯间、局部突出小房等）不计入，若有地下层数，填写地下层数。

3）建筑面积：建筑各层水平面积的总和，以平方米为单位，精确到10平方米。可通过现场简单测量、查询导入信息或由调查移动端自动生成获得，包括地上建筑面积和地下建筑面积。

4）建造年代：指房屋建筑建成投入使用的年代。

5）结构类型：按照结构承重构件材料简化分类，包括砖石结构、土木结构、混杂结构、窑洞、钢筋混凝土结构、钢结构等。选择砖石结构或土木结构的，应在二级选项中继续勾选承重墙体、楼（屋）面主要材料，并填报是否为底层框架砌体结构。

农房地域差异大，地方材料和建造方式多样，当上述结构类型不能涵盖时，可结合地方情况补充，勾选"其他"并简要说明。

6）建造方式：根据实际建设情况填写，主要包括自行建造、建筑工匠建造、有资质的施工队伍建造等方式，若为其他方式需填报并进行简要说明。

a. 自行建造指农户自行组织劳力，自己动手或请亲友、村民协助建造。

b. 建筑工匠建造指农户出资委托建筑工匠建造，通常为有经验的建筑工匠带几个小工的小包工队形式。

c. 有资质的施工队伍建造指农户出资聘请有施工资质的施工队伍建造。

7）安全鉴定：根据现状房屋安全性鉴定情况选择填报"是否经过安全鉴定"，调查人员无须现场对房屋开展安全性鉴定，而是根据已完成的鉴定或评估报告如实填写鉴定结论。当调查农房未经过安全性鉴定，填报"否"。当房屋开展了安全性鉴定，填报"是"并填报"鉴定时间"和"鉴定结论"。

调查填报的安全鉴定信息是指对现状房屋开展的鉴定：当房屋进行过不止一次安全性鉴定时，应填报最新一次安全性鉴定的鉴定结论；在农村房屋安全隐患排查中开展了安全评估或鉴定（指对初判存在安全隐患的房屋委托专业机构开展的专业安全性鉴定）的，应准确填报安全鉴定结论。调查时点前通过拆除新建或维修加固实现房屋安全的，不填报改造或整治前的鉴定结论。

有安全性鉴定结论的优先填报鉴定结论，没有安全性鉴定结论但有安全性评定结论的填报评定结论。

根据安全性鉴定结论勾选以下选项：□A 级　□B 级　□C 级　□D 级；或者根据安全性评定结论勾选以下选项：□安全　□不安全。

相关知识备注：农村住房安全性分为 A 级、B 级、C 级、D 级四个等级。A 级：结构能满足安全使用要求，承重构件未发现危险点，房屋结构安全。B 级：结构基本满足安全使用要求，个别承重构件处于危险状态，但不影响主体结构安全。C 级：部分承重结构不能满足安全使用要求，局部出现险情，构成局部危房。D 级：承重结构已不能满足安全使用要求，房屋整体出现险情，构成整幢危房。

判定依据：① 2009—2017 年，《农村危险房屋鉴定技术导则（试行）》（2019 年修订并更名）；②2017 年 8 月 28 日发布建村〔2017〕192 号文，附件《危房改造认定表》；③2019 年 11 月 28 日发布建村函〔2019〕200 号，《住房城乡建设部关于印发〈农村住房安全性鉴定技术导则〉的通知》。

（3）抗震设防信息。内容包括专业设计、抗震构造措施、抗震加固和变形损伤。

1）专业设计：指委托有资质的建筑设计单位或专业设计人员进行农房建筑工程设计，或采用农房设计标准图集，由有资质的建筑设计单位设计制图，县级及以上住房和建设行政管理部门正式发布供农户建房使用的标准图集。

对于选"是"的农房，可认为基本满足建筑抗震设计要求。

2）抗震构造措施：当"是否采取抗震构造措施"选择"是"时，填报具体措施，此项可多选。

圈梁、构造柱是农房中采用最普遍的抗震构造措施，用于砖、砌块墙体承重的砌体房屋，可提高房屋整体性和抗震能力。

如果采取了其他抗震构造措施，可在"其他"项下的二级选项中选择。

当房屋装修后不易直观判断构造措施设置情况时，可通过询问户主和当地工匠等方式了解情况，确认属实后勾选填报，难以确定时不填，选取典型部位拍照1~3张。

3）抗震加固：是否进行抗震加固，对于实施了抗震加固且验收合格的农房，选"是"，并填写加固实施时间。

对于选"是"的农房，可认为基本满足加固实施时的抗震设防目标要求。

4）变形损伤：有无明显墙体裂缝、屋面塌陷、墙柱倾斜、地基沉降等。主要在现场通过观察进行判断，并与产权人或使用人充分沟通了解。当现场调查发现存在变形损伤时，应拍照记录，选取典型部位拍照1~3张。

变形损伤为房屋现状情况，并非抗震改造之前的情况。

5. 农村住宅辅助用房

辅助用房可不进行详细调查，但应在调查软件系统中，对工作底图中对应图斑登记标识为"辅助用房"，与主体建筑统一归于同一户主名下，并拍照上传。

6. 农村非住宅

（1）基本信息。内容包括建筑地址；房屋名称或单位名称；产权人（使用人）姓名或机构名称；户主类型；是否有玻璃幕墙，玻璃幕墙类型，玻璃幕墙面积，玻璃幕墙竣工时间，玻璃幕墙设计使用年限，玻璃幕墙是否进行定期巡检，玻璃幕墙是否存在破裂，玻璃幕墙开启窗是否配件齐全、安装牢固、松动、锈蚀、脱落、开关灵活，玻璃幕墙受力构件是否连接牢固，玻璃幕墙结构胶是否存在与基础无分离、干硬、龟裂、粉化等。

1）建筑地址：房屋具体地址，确保准确详细，以便定位。可直接填写或通过移动端App在底图中选取定位并进行核对确认。路（街巷）、号为选填。

2）房屋名称或单位名称：根据所有权和用途填写，如××超市、××村委会、××宾馆、××厂房、××办公楼等。

3）产权人（使用人）姓名或机构名称：根据房屋产权人或使用人性质填写相关信息。当为个人所有的出租或自营类房屋时，填写个人姓名信息。

当房屋产权单位为政府、村集体、国有企业、民营企业时，填写对应的单位名称。

4）户主类型：户主是产权人还是使用人。

5）玻璃幕墙：调查建筑是否有玻璃幕墙，若有玻璃幕墙其玻璃幕墙类型包括构件式、单元式、点支撑、全玻璃幕墙；玻璃幕墙面积以平方米为单位，精确到 10 平方米；竣工时间指设计建造的时间（填写到年）；设计使用年限；是否进行定期巡检；是否存在破裂；开启窗是否配件齐全、安装牢固、松动、锈蚀、脱落、开关灵活，受力构件是否连接牢固，结构胶是否存在与基础无分离、干硬、龟裂、粉化。

6）物业管理：有无物业管理；物业是否存在分楼层/分单元管理。

7）管理单位类型：此次调查将管理单位分类为物业企业（物业服务企业、统管房屋）、直管公房（市、区级共产房屋）和单位自管（非经资产、学校、医院、军休所、办公区、其他）。

8）管理单位名称：是指该建筑的管理单位。

9）管理负责人姓名：是指该建筑的管理单位负责人。

10）管理负责人电话：是指该建筑的管理单位负责人电话，尽可能是座机。

（2）建筑信息。内容包括建筑物类别、建筑层数（地上、地下分别统计）、建筑面积（地上、地下分别统计）、建造年代、结构类型、建筑高度、建造方式、建筑用途和安全鉴定等。

1）建筑物类别：按照房屋实际情况分为楼房和平房两类。

2）建筑层数：地面以上建筑主体层数，夹层及局部突出（如楼梯间、局部突出小房等）不计入。

3）建筑面积：建筑各层水平面积的总和，以平方米为单位，精确到 10平方米。可通过现场简单测量、查询导入信息或由调查移动端自动生成获得。

4）建造年代：指房屋建筑建成投入使用的年代。

5）结构类型：按照结构承重构件材料简化分类，包括砖石结构、土木结构、混杂结构、窑洞、钢筋混凝土结构、钢结构等。选择砖石结构或土木结构的，应在二级选项中继续勾选承重墙体、楼（屋）面主要材料，并填报是否为底层框架砌体结构。

农房地域差异大，地方材料和建造方式多样，当上述结构类型不能涵盖时，可结合地方情况补充，勾选"其他"并简要说明。

6）建造方式：根据实际建设情况填写，主要包括自行建造、建筑工匠建造、有资质的施工队伍建造等方式，若为其他方式需填报并进行简要说明。

a. 自行建造指农户自行组织劳力，自己动手或请亲友、村民协助建造。

b. 建筑工匠建造指农户出资委托建筑工匠建造，通常为有经验的建筑工匠带几个小工的小包工队形式。

c. 有资质的施工队伍建造指农户出资聘请有施工资质的施工队伍建造。

7）建筑用途：根据房屋用途选择填报，当为功能综合的村民中心建筑整合多项用途时，也可以多选。对于农村房屋，大部分为标准设防类，教育设施里的"中小学幼儿园教学用房及学生宿舍、食堂"和医疗设施里的"具有外科手术室或急诊科的乡镇卫生院医疗用房"为重点设防类，应在用途分类下勾选二级选项。

教育设施：包括幼儿园、中小学、职业培训等教育设施，设二级选项，是否为"中小学幼儿园教学用房及学生宿舍、食堂"。

医疗卫生：包括卫生所、诊所、注射室、留观室、保健室等医疗卫生设施，设二级选项，是否为"具有外科手术室或急诊科的乡镇卫生院医疗用房"。

行政办公：包括村委会办公室、党员活动室、村民议事厅、礼堂（聚会）的房屋，以及生产加工、仓储物流等企业的附属办公或管理用房。

文化设施：包括文化展览室、图书馆、阅览室、礼堂等文化设施。

养老服务：包括敬老院、养老院、幸福院等养老设施。

批发零售：包括日用品、农产品、农资、药品批发零售，超市、电商（店）等。

餐饮服务：包括饭店、餐馆、冷（热）饮店、茶馆等。

住宿宾馆：包括民宿、旅馆（店）、招待所等，以及乡镇、村委会干部宿舍等。

休闲娱乐：包括棋牌室、KTV、浴室、理发馆、足浴店等。

宗教场所：包括寺庙、教堂、道观等。

农贸市场：指设在建筑中的农贸市场。

生产加工：包括农产品、日用品、工业品等加工与生产。

仓储物流：包括仓储厂房、普通库房、冷库等。

8）安全鉴定信息填报同农村住宅建筑一致。

建筑抗震设防信息采集项目填报说明及内容与农村住宅建筑基本一致。

第三节　方　案　实　施

一、总体思路

此项目来源于国家计划：《国务院办公厅关于开展第一次全国自然灾害综合风险普查的通知》（国办发〔2020〕12 号）、《全国灾害综合风险普查总体方案》（国减办发〔2019〕17 号）；部委计划：《第一次全国自然灾害综合风险普查房屋建筑和市政设施调查实施方案》（建办质函〔2021〕248 号）；北京市计划：《北京市人民政府办公厅关于开展第一次全国自然灾害综合风险普查的通知》（京政办发〔2020〕23 号）。在项目执行过程中，应严格执行国家、北京市各项工作规范，在满足国家、北京市各项要求基础上，融入海淀区精细化房屋管理需求，最终形成一套既能满足国家、北京市要求，也能满足海淀区要求的房屋建筑承灾体调查数据成果。

首先，按照"内—外—内"的思路，打好前期内业基底，提高底图精度，夯实空间底图参考基础，减少外业调查阶段对底图数据增删改的工作量。

其次，开发保密措施严密，符合各项规范、规程、导则要求（数据建库规范、成果提交规范等），实用性强、便捷度高的调查软件，助力外业调查工作顺利开展。

再次，按时参加住房城乡建设部的技术培训，同时，强化对内部调查人员的各项培训工作。

最后，强化质量控制，落实"边调查边质检"及"两检一验、全过程质检监督"制度，保障成果质量。

二、技术流程

按照"内—外—内"的思路，设置技术流程。

（一）第一阶段内业技术流程

第一期内业技术流程主要包括资料收集、数据采集、数据分类、属性整合、成果质检、调查软件开发、与住房城乡建设部软件及数据结构进行对接等工作。第一阶段内业技术流程如图 3-1 所示。

（二）第二阶段外业技术流程

技术流程主要包括前期准备工作、外业实地调查、质检验收和成果提交

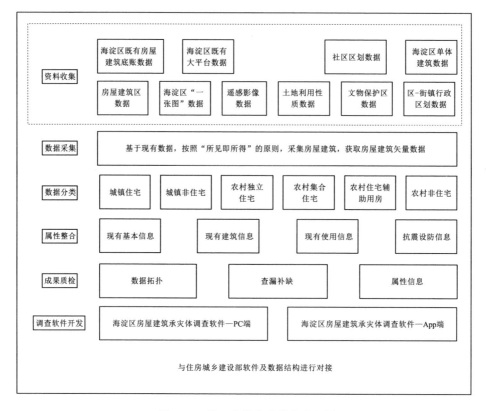

图3-1 第一阶段内业技术流程图

等。其中前期准备工作包括调查底图制备、宣传培训和沟通前置。第二阶段外业技术流程如图3-2所示。

（三）第三阶段内业技术流程

第三阶段内业技术流程主要包括编辑整理、成果汇集、成果汇交等内容。第三阶段内业技术流程如图3-3所示。

三、数据资料收集

数据资料收集主要包括海淀区既有房屋建筑底账数据、海淀区既有大平台数据、地理国情监测数据、基础测绘地理信息数据、遥感影像数据、土地利用性质数据、文物保护区数据、行政区划数据及其他专题资料数据等。

四、数据处理

（一）遥感影像制作

遥感影像制作包括影像正射纠正、地理配准、影像增强处理、影像镶嵌

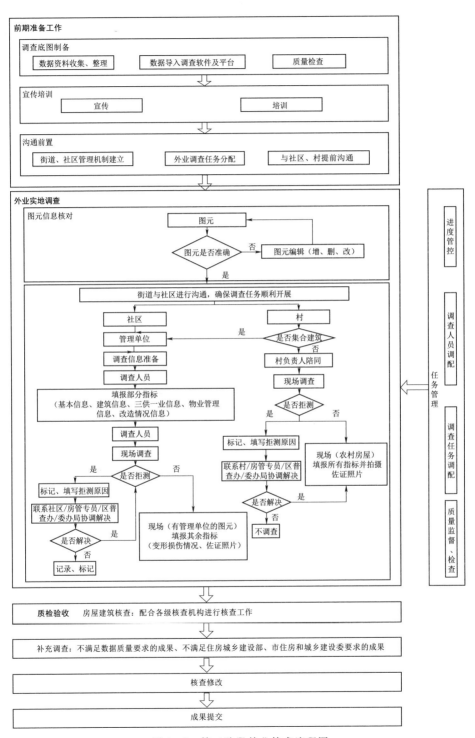

图 3-2 第二阶段外业技术流程图

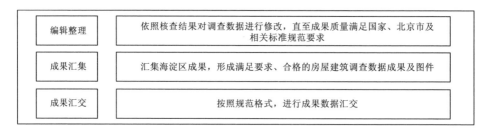

图 3-3 第三阶段内业技术流程图

与裁剪等。

1. 影像正射纠正

优先采用天地图作为控制源，利用影像对影像匹配的方式采集控制点，必要时收集利用数字高程模型数据提供辅助，对影像进行正射纠正，利用PixelGrid软件基于RPC/RPB参数，对卫星全色及多光谱影像进行单片快速正射纠正，检查正射影像精度；通过全色及多光谱影像融合技术，将融合后四波段的卫星影像组合成红、绿、蓝的三波段影像，调色生成原始分辨率8比特的真彩色正射影像；原始影像经过正射处理后，将多光谱波段与全色波段进行融合并保留原始影像光谱特征，得到多波段融合影像。卫星影像单片正射纠正制作流程如图3-4所示。

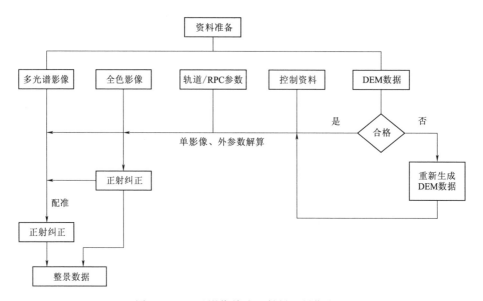

图 3-4 卫星影像单片正射纠正制作流程

2. 地理配准

（1）外参数解算。每景卫星遥感影像进行正射纠正的外参数可采用 RPC 模型方式进行解算。根据卫星影像提供的精确 RPC 参数，结合收集的控制资料，解算外参数。

（2）全色波段影像正射纠正。全色波段影像纠正后正射影像分辨率原则上和原始影像地面分辨率保持一致。

（3）跨带整景纠正。当单景卫星影像跨两个投影带时，应将影像分布较多的投影带作为整景纠正的投影带。

（4）多光谱影像与全色波段影像配准纠正。多光谱影像与全色波段影像的配准纠正以纠正好的全色波段影像为控制基础，选取同名点对多光谱影像进行纠正。纠正模型的选取以及 DEM 数据选择与对应的全色波段一致。

3. 影像增强处理

（1）融合质量要求。对经过正射纠正的同一卫星遥感影像的多光谱数据和全色波段数据进行融合。二者之间配准的精度不得大于 1 个多光谱影像像素。保证融合后影像色彩自然，纹理清晰、层次丰富、反差适中，无影像发虚和重影现象，融合后能明显提高地物解译的信息量。

（2）影像匀色。采用直方图均衡化和直方图匹配方法，用非线性对比拉伸重新分配像元值，使一幅图像的直方图与参照图像的直方图相匹配，达到分景或分幅图像的色彩均衡。

4. 影像镶嵌与裁剪

进行镶嵌时，应保持景与景之间接边处色彩过渡自然，地物合理接边，无重影和发虚现象。如镶嵌区内有人工地物时，应手工勾画拼接线绕开人工地物，使镶嵌结果保持人工地物的完整性和合理性。

色彩调整后，正射影像的直方图大致成正态分布，影像清晰，反差适中，色彩自然，无因太亮或太暗失去细节的区域，明显地物点能够准确识别和定位。

（二）数据清洗归约

将收集到的数据进行清洗，用人工查看方式检查数据内容，包括字段解释、数据来源等数据信息，对数据本身有一个直观的了解，并且初步发现一些问题，为之后的处理做准备。

1. 缺失值

缺失值是最常见的数据问题，处理方法可按照以下三个步骤进行：

（1）确定缺失值范围，对每个字段都计算其缺失值比例，然后按照缺失比例和字段重要性，分别制定策略。

（2）去除不需要的字段，将存在缺失值且不需要的字段进行删除。

（3）填充缺失内容，以业务知识或经验推测填充缺失值或向数据提供单位沟通确认进行修正。

2. 格式内容

对数据的格式内容进行统一处理，主要包括时间、日期、数值、全半角等显示格式不一致，内容中有不该存在的字符，内容与该字段应有内容不符等。

3. 逻辑错误

去掉一些使用简单逻辑推理就可以直接发现问题的数据，主要包括重复值、不合理值、矛盾内容等，防止分析结果走偏。

4. 非需求数据

将不符合项目需要及要求的数据，进行删除处理。

5. 关联性验证

由于收集的数据资料存在多个来源，有必要进行关联性验证。将不同来源的同类数据，导入软件，检查其范围、属性等信息是否一致，若存在差异，需要进行数据验证与核实，最终确定正确权威的数据资料作为项目数据资料进行相关生产和分析。

收集到的矢量数据存储格式存在多种，为了数据使用的方便性和统一性，需要进行数据格式之间的转换。主要利用 ArcGIS 软件将不同格式的数据进行转换，最终统一转换为 shapefile 格式存储在 FileGeodatabase 数据库文件中。

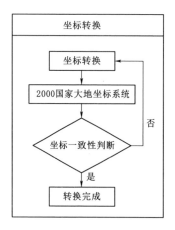

图 3-5　坐标转换流程图

（三）坐标转换

在 ArcGIS 中打开所需数据，对每层数据的坐标系统及投影系统进行一致性验证，坐标系统一采用 CGCS2000 地理坐标系，投影采用高斯克吕格投影，高程基准为 1985 国家高程基准，若存在坐标系统不统一的问题，对各项专题数据进行坐标转换，坐标转换采用 TransProXY 专业软件，将所有数据的坐标系统按照项目要求进行统一，坐标转化完成之后，对坐标转换成果进行检查和复核，确保转化数据的质量和精度。坐标转换流程如图 3-5 所示。

坐标转换软件采用 TransProXY 软件，软件界面和坐标转换界面分别如图 3-6、图 3-7 所示。

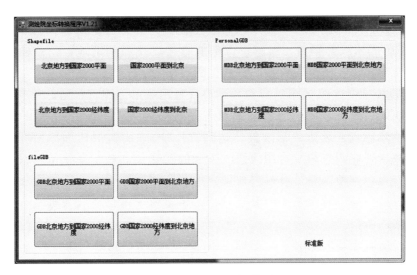

图 3-6　TransProXY 软件界面图

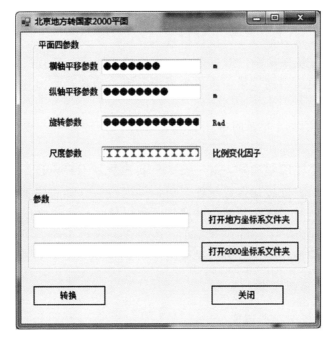

图 3-7　TransProXY 软件坐标转换界面图

五、矢量数据采集

房屋建筑一般指上有屋顶，周围有墙，能防风避雨、御寒保温，供人们在其中工作、生活、学习、娱乐和储藏物资，并具有固定基础，层高一般在2.2米以上的永久性场所。遥感影像上能直接反映和判别地物信息的影像特征，包括形状、大小、颜色、图案和位置等信息。

依据2021年1月的遥感影像数据，现有房屋单体建筑数据、基本比例尺地形图数据，开展单体建筑空间矢量边界的采集（涉军涉密除外），使海淀区房屋单体建筑矢量边界精度整体达到1∶10000比例尺地形图精度，最大限度地减少外业调查阶段对图元修改带来的工作量。对于变化信息采集可采用两种方式：一种是将已有成果数据叠加到监测期影像上，通过人工检查识别变化区域；另一种是基于同源多时相遥感影像采用自动或人机结合的方式进行变化区域检测。

（1）房屋建筑应采尽采，单栋房屋应单独表示，且独立闭合。

（2）房屋建筑底面的凸凹部分小于5米时，可进行综合处理。

（3）低矮建筑密集区中，边界不明显的房屋建筑，可以适当综合采集。

（4）房屋建筑的附属设施，如平台、门廊等不需要采集，建筑工地的临时性建筑不采集。

（5）房屋建筑数据以面矢量数据采集方式汇交。

（6）房屋建筑采集辅助数据需求：土地权属性质矢量数据。

城镇住宅类房屋建筑第一步采集屋顶，第二步移动其基座位置，房屋建筑以基座位置为准。对于低矮建筑，一般层高在1～3层，或楼高10米以下，在高分辨率遥感影像上无明显阴影的房屋建筑，特征上表现为房屋密集度大，单体房屋建筑面积较小，直接勾绘图斑。

城镇非住宅类房屋建筑，对于大型公共建筑，不确定建筑基地形状，按照房屋顶部勾绘；也可根据建筑轮廓标识基底位置；亦可根据实地情况，切分成多个建筑；对于无法判断单体建筑轮廓边界时，适度综合采集。

农村房屋建筑，单体建筑规模小、数量多，难以分辨，可能会出现局部漏采或错采，采集时采取应采尽采原则。

六、属性信息采集

（一）属性指标融合调整

1. 与海淀既有建筑物数据融合

在已有房屋单体建筑数据的基础上，根据房屋全生命周期数据字段补充，增添房屋全生命周期数据房屋建筑唯一码，确保后期数据挂接具有唯一性。按照内容指标需求，新增加包括项目（小区）、子项目（小区）名称、幢号、幢名、间/套数等字段。

2. 与海淀大平台数据融合

收集北京市住房城乡建设委房屋平台共享数据，获取海淀大平台的数据，数据来源包括实测、修补测和普查数据，属性字段包括建筑物编码、街道编码、房管所编码、建筑物名称等字段。

3. 与建筑物管理单位信息融合

建筑物管理单位信息包括建筑物唯一码、建筑物编码、管理单位、管理单位联系人、联系人电话以及接管时间属性字段。现有数据按照建筑唯一码进行挂接，更新物业管理单位、管理单位联系人以及联系人电话等信息，得到部分具有物业信息数据。

4. 与住宅楼房住宅套数信息融合

住宅楼房住宅套数信息包括建筑唯一码、建筑物编码以及住宅套数属性字段。底图数据与大平台数据融合后有住宅套数属性字段信息，现有数据按照建筑唯一码进行挂接，更新增加房屋建筑住宅套数信息，得到部分具有住宅套数信息数据。

5. 与入驻企业信息融合

入驻企业信息包括建筑唯一码、建筑物编码、企业名称以及使用面积属性字段。现有数据按照建筑唯一码进行挂接，选取建筑物使用面积最大的3～5个企业信息进行填入。

（二）房屋建筑类型划分

利用土地使用性质数据及房屋建筑区数据，按照《城镇房屋建筑调查技术导则》《农村房屋建筑调查技术导则》中房屋建筑承灾体分类要求，将房屋建筑承灾体分为城镇住宅、城镇非住宅、农村独立住宅、农村集合住宅、农村非住宅5类，确保外业调查的时候，避免因为房屋类型不明确造成现场进行资料收集以及调查信息填报错误造成的问题，保障外业调查工作的顺利开展。

房屋单体数据根据"类型"划分为住宅、公共建筑、工业仓储、农业建筑、特殊建筑。土地权属数据根据"类型"划分为国有土地、集体土地。数据分类如图3-8所示。

房屋单体中住宅数据＋土地权属数据中国有土地提取出"城镇住宅"。

房屋单体中其他数据＋土地权属数据中国有土地提取出"城镇非住宅"。

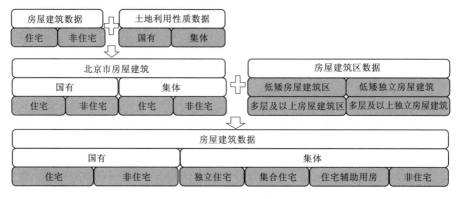

图 3-8 数据分类图

房屋单体中住宅数据＋土地权属数据中集体土地提取出"农村独立住宅、农村集合住宅"。

房屋单体中其他数据＋土地权属数据中集体土地提取出"农村非住宅"。

(三)现有指标信息录入

根据《城镇房屋建筑调查技术导则》《农村房屋建筑调查技术导则》和采购方相关要求,建立房屋建筑数据库内容、空间要素图层以及要素属性结构。空间图层包括城镇住宅建筑调查信息采集表、城镇非住宅建筑调查信息采集表、农村住宅建筑调查信息采集表(独立住宅)、农村住宅建筑调查信息采集表(集合住宅)、农村非住宅建筑调查信息采集表,数据格式为shapefile,相关调查属性内容组织在 shapefile 文件属性字段中。

根据现有的地理信息数据,按照房屋建筑的调查指标,对现有地理信息数据进行分类、分项整理,并进行空间落图,包括城镇住宅建筑、城镇非住宅建筑、农村独立住宅、农村集合住宅及农村非住宅 5 类数据。

根据国家下发的数据,对房屋划分更加精细,丢漏图斑数更少,最大程度减少了外业修改图元的工作量。

现有建筑物属性信息包括:门牌号、地上楼层数、地下楼层数、总层数、占地面积、地上建筑规模、地下建筑规模、总建筑规模、建筑使用性质、建筑用途、土地利用性质等,内业填报已有属性,减少外业调查人员的填报工作,提高工作效率。

根据现有数据,内业填报已有属性,当同一单体建筑同时有海淀既有建筑属性信息及专题资料信息时,以海淀区既有建筑属性信息为准。

按照现有信息填报后的底图数据,外业仅需对已填报的属性进行核实,并调查其他缺失属性即可,以节省时间、减少工作量。

七、调查软硬件系统部署调试

具有内外业调查功能，同时要打通内外业衔接壁垒，内外业能互通互联，不用再有格式转换等操作，可做任务发布。

（一）硬件设施

调查软件分 PC 端和移动端 App，提供高效、便利、自动化程度高的调查手段，以提高普查工作的质量和效率。

1. 海淀区第一次全国自然灾害综合风险普查房屋建筑承灾体调查项目（第二包）管理子系统（PC 端）

PC 端工作平台主要服务于房屋调查等工作，作为系统支撑模块，作为平台服务的集约化服务平台，其整体设计符合最新前端技术，美观大气、交互友好，并实现系统前后台分离，实现应用的安全加固，兼容主流浏览器（IE、Chrome、Firefox 等）。

其主要功能有调查统计、调查类型、任务管理、调查成果、账户管理以及日志管理。

2. 海淀区第一次全国自然灾害综合风险普查房屋建筑承灾体调查项目（第二包）外业调绘子系统（移动端 App）

移动端 App 主要功能为软件登录、离线任务、外业定位、任务定位、任务图浏览、任务管理、调查管理、记录管理、个人配置以及同步更新。

（二）存储设置

数据存储在私有云，安全保密。

八、与住房城乡建设部调查系统对接

与住房城乡建设部的调查软件及核查软件进行对接，确保与国家要求的调查数据结构一致，同时，保障调查数据成果能顺利导入国家系统内，顺利完成成果汇交。

对接主要内容包括：字段属性信息对接（字段名称、类型、长度、约束条件），数据导入功能对接。

九、外业调查

（一）总体要求

按照项目要求，对调查范围内房屋建筑应调尽调、应填尽填、实事求是、沟通前置、遇难知退，确保达到保质保量保工期的整体项目目标。

（1）应调尽调。对于调查范围内的房屋建筑，尽职尽责地进行全面细致的调查。

（2）应填尽填。通过多方面途径，对于能了解到的房屋基本信息、建筑信息、抗震设防信息等进行填报。

（3）实事求是。对于调查到的房屋空间位置情况、基本情况、建筑情况、使用情况、抗震设防情况等房屋建筑信息，进行如实的填报。

（4）沟通前置。调查工作开始前，先沟通联系乡镇、街道、村、社区，借助基层力量开展好调查工作。先对接社区，社区联系调查区域范围内的物业管理人员、小区管理人员以及村委会工作人员。涉及村庄调查的，由村委会工作人员对本村基本情况较为了解的专业人员带领调查人员，进行现场指认。

（5）遇难知退。因工期紧张，需高效完成调查任务。如遇到沟通协调困难、联系不到人等拒测情况，应适度搁置，先集中力量完成能完成的部分。

（二）详细要求

（1）外业调查应严格遵循走到、看到、记到的原则，客观真实反映出可到达工作区域内各类房屋的信息内容。

（2）外业调查对底图中所有房屋的指标进行填报，确实填报不了的，记录相应指标项及原因，并及时反馈至内业。

（3）外业调查时，若发现单体建筑位于涉军涉密区域，不进行调查。

（4）由于疫情防控而禁止入内的场所，持健康码或相关证件可以入内的应进行实地核查；其他禁止入内的，应进行标注，并向社区、街道、区及相应委办局进行反馈，尽量解决拒测问题，同时，内业编辑整理时进行记录并统计汇总，并按要求填写拒测理由。

（5）外业调查时，应提前进行合理的任务分配，并对路线做出整体规划，同时，要提前与社区、村联系人进行沟通联系。协商好调查时间。

（6）当底图与实际情况不符时，按照以下原则进行处理：

1）若图元与实地建设的空间信息及类型信息相吻合，且为单体建筑，现场填报指标信息。

2）若图元与实地建设的空间信息相吻合，且为单体建筑，但类型信息与实地信息不一致，切换房屋建筑类型，并现场填报指标信息。

3）若图元与实地建设相吻合，但不为单体建筑，不进行调查，对图斑进行标记，填报不调查原因，并拍摄佐证照片。

4）若底图上有图元，但实地没有，不进行调查，对图斑进行标记，填报不调查原因，并拍摄佐证照片。

5）若底图上没有图元，但实地有，进行补充调查，现场利用外业调查软件，依据影像或实际建设情况，绘制图斑，并填报指标信息。

6）若底图上有图元，实地也有，且房屋建筑类型相吻合，但存在偏移，需现场利用外业调查软件，依据影像或实际建设情况，调整图斑空间位置，并填报指标信息。

7）若底图的一个图元，对应实地多栋房屋，则需利用外业调查软件对底图图元进行切分，并分别填报调查指标信息。

8）多底图的多个图元，对应实地的一栋房屋，则需利用外业调查软件对底图图元进行合并，并填报调查指标信息。

9）当图元内现有的信息与管理人员提供的信息不一致时，询问数据来源，并填报最新、最规范的数据。

（7）外业核查时，与影像上反映的情况相比，如果房屋单体建筑的位置、范围、属性等发生明显变化，超出采集精度要求，应以实地情况为准，设法进行更新，无资料支持、难以完成更新的，应在技术总结中重点说明。

（8）针对农村住宅辅助用房的调查，不需要调查，但需要在底图上标识并拍照上传。

（9）针对抗震设防信息的调查，城镇房屋不需要调查，自动给出，农村房屋需要调查。

（10）每个调查任务单元完成之后，内业应及时审核，不完善的，要进行二次调查。

（11）当同一个房屋实际信息与参考资料信息不一致时，应以准确的实际信息为准（或增加一个字段，为实际信息）。

（三）调查内容

对底图中所有城镇和农村单体建筑矢量图斑的各项指标信息进行调查填报，主要包括基本信息、建筑信息、抗震设防信息、使用信息等。

1. 城镇

调查内容详见《城镇住宅建筑调查信息采集表》与《城镇非住宅建筑调查信息采集表》，调查信息采集指标已在软件系统移动端内置。软件系统移动端填写的内容为第一、第二部分（房屋基本信息、建筑信息）和第四部分（房屋建筑使用情况），第三部分（建筑抗震设防基本信息）由软件系统根据地区和建造年代及房屋用途等自动给出。

2. 农村

调查内容以房屋属性信息采集为主，软件系统移动端填写的内容详见

《农村住宅建筑调查信息采集表（独立住宅）》《农村住宅建筑调查信息采集表（集合住宅）》《农村非住宅建筑调查信息采集表》，调查项目通过系统开发在移动端 App 中内置。

调查中首先通过调查软件移动端，在工作底图上实地获取房屋所在的地理位置即空间信息，然后逐项填报或补充房屋属性信息，以及信息采集人、单位和调查日期，填报完成后上传。

农村住宅建筑分为独立住宅、集合住宅和辅助用房。

独立住宅：独立住宅调查以建筑单体（栋）为单位填报，对于在各自宅基地上建造且独立入户的联排住宅按照独立住宅分别填报，并在底图上标出分界线。

集合住宅：集合住宅调查以建筑单体（栋）为单位填报，不需逐户调查。集合住宅一般为统规统建项目，履行建设工程审批程序，由具有相应资质的勘察单位、设计单位、建筑施工企业、工程监理单位等建造完成。

辅助用房：辅助用房可不进行详细调查，但应在调查软件系统中，对工作底图中对应图斑登记标识为"辅助用房"，与主体建筑统一归于同一户主名下，并拍照上传。

3. 佐证照片拍摄

现场定位拍摄照片，应包含至少一张房屋建筑整体外观照片，当有潜在地质灾害或其他不良场地威胁时，应补充周边环境地质灾害隐患点和场地安全隐患照片；如有裂缝、倾斜、变形、沉降等情况，应补充能反映相关变形损伤情况的照片；每栋建筑上传的外观及周边环境、变形损伤、抗震构造措施等现状照片数量分别不超过 3 张，并且照片应能全面、准确、直观地反映房屋现状。

十、成果整理

收集整理各标段成果，对海淀区房屋建筑承灾体调查成果进行符合性检查。与住房城乡建设部系统对接，进行成果入库前的检查。

（一）各标段数据成果收集

收集整理各标段调查成果，形成房屋建筑承灾体调查成果数据集。若在成果收集整理过程中，发现数据问题，及时反馈给各标段进行数据整改。

（二）数据成果入库

与住房城乡建设部调查系统进行对接，并将最终的调查成果数据集导入住房城乡建设部调查系统中，若在数据成果入库过程中发现数据质量问题，及时反馈给各标段进行数据整改。

十一、质量检查

（一）检查要求

采用两级检查、一级验收的制度，并进行全过程质量控制。承担单位的作业部门负责一级检查，承担单位负责组织成立独立的项目质量检查组进行成果的二级检查，配合项目委托方按需开展调查成果的验收和审核。质量检查贯穿于生产实施的全过程，贯彻到与生产、质量有关的各个部门。检查和验收的方式采用总体检查与样本检查相结合的方式。对生产过程质量控制情况进行总体检查，对成果质量进行样本检查。成果的抽样方式、检验方式、质量评定方法、报告编制等按照测绘成果质量检查与验收有关规定的要求执行。当质量检查中发现普遍性、倾向性等严重质量问题时，应扩大检查范围，确认问题性质和原因。各级检查都必须逐级独立进行，不得省略或代替。

为保证房屋建筑承灾体调查项目工作主要目标的完成，由生产部门专职质量检验人员和测绘产品质量检验中心检验员共同组建质量检查组，采用相互交叉检查等方式根据生产部门项目生产进程，开展过程质量监督和成果质量检查。通过开展过程质量检查，对生产的各阶段关键节点进行全覆盖检查，对影响成果质量的资料、技术、流程等主要要素进行控制，及时发现影响调查成果质量的普遍性、倾向性问题，提出整改意见，保障生产过程质量符合技术设计的要求。通过开展成果质量检查，对生产部门生产的成果提交内容的完整性、一致性、合理性进行控制，确保产品符合技术设计的要求。

（二）过程质量控制

过程质量控制主要分为两个部分，生产质量管理情况控制和成果质量控制。

1. 生产质量管理控制情况检查的内容

（1）设计过程控制。项目负责人带领项目组成员，在充分尊重和正确理解用户需求的前提下，制定项目实施方案和技术标准，为相关的过程检查、成品验收提供标准，并就人员、设备和工期等做出安排。方案必须经批准签字后，才能作为最终的依据。

（2）数据生产前准备控制。数据生产前准备工作包括：数据源质量控制、设备配置控制和人员管理控制。

1）数据源质量控制主要是对收集的各类遥感影像数据、第三次国土调查基础数据和专题资料的现势性、完整性、权威性进行核查，保证这些数据满足项目需求。

2）设备配置控制要求作业组应按照任务要求配置必要的仪器和设备。

3）人员管理控制主要是按项目要求配置具备相应资格的人员、生产作业员、技术负责人、质量检查员等。各岗位任职资格及其职责按项目要求执行。

（3）生产过程质量控制。本次生产工作主要以社区为单元，严格落实过程质量检查工作，在生产过程中，对各任务单元成果的完整性、一致性、合理性等进行质量检查，并及时反馈给作业人员进行补充调查。

2. 成果质量控制情况检查

成果提交前应进行严格的两级检查并对检查中发现的质量问题进行返改。

（三）生产质量管理情况控制

生产质量管理情况控制的主要内容如图3-9所示，主要包括组织实施、专业技术设计、生产工艺、内部培训、装备配置、技术问题处理和一级检查、二级检查等。

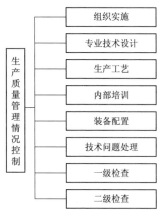

图3-9 生产质量管理情况控制的主要内容

1. 组织实施

对项目的组织实施机制建立与运行情况进行检查。

2. 专业技术设计

对专业技术设计的规范性、针对性、完整性、设计审批等情况进行检查。

3. 生产工艺

对生产工艺流程的符合性进行检查，包括当发现偏离生产技术路线时是否采取适当的保障措施，以确保产品符合性；对保障措施的执行情况是否进行了跟踪检查、保障措施是否有效等情况进行检查。

4. 内部培训

对培训计划的实施情况、培训的效果等情况进行检查。

5. 装备配置

对各工序所用主要仪器设备的检定情况进行检查，包括是否通过法定计量检定（校准）机构检定，是否在有效期内使用等；对各工序所用主要内业、外业软件的测试验证情况进行检查。

6. 技术问题处理

对技术问题处理一致性情况进行检查，比如定期对技术问题进行整理分析，分析问题的原因，提出预防措施意见，并形成文件发到有关部门等。

7. 一级检查

对一级检查执行情况进行检查，包括检查比例的符合性、检查内容及记录的完整性、质量问题的修改与复查情况等。

8. 二级检查

对二级检查执行情况进行检查，包括检查比例的符合性、检查内容及记录的完整性、质量问题的修改与复查情况、成果质量评价及检查报告的规范性等情况进行检查。

（四）成果质量检查与质量评定

成果质量检查主要检查房屋建筑承灾体调查项目生产的各阶段成果，在整个生产过程中，对这些生产的关键环节进行严格的质量控制。

1. 一级检查

（1）一级检查对监测成果资料进行 100% 内业检查，重点检查变化区域内的成果资料，外业检查比例不低于生产时外业的 10%，并应做好检查记录。

（2）检查出的问题、错误及复查的结果应在检查记录表中记录。

（3）一级检查提出的质量问题，监测作业人员应认真修改，修改后应在检查记录上签字。

（4）一级检查的检查记录随监测成果资料一并提交二级检查部门。

（5）经一级检查未达到质量指标要求的，监测成果资料应全部退回处理。

（6）退回处理后的监测成果资料须进行全面复查，确定问题是否修改彻底。

2. 二级检查

（1）监测成果通过一级检查后，进行二级检查。

（2）二级检查对监测成果资料进行 100% 内业检查，重点检查变化区域内的成果资料，外业检查比例不得低于生产时外业的 10%。

（3）检查出的问题、错误及复查的结果应在检查记录中记录。

（4）二级检查应审核一级检查记录。

（5）二级检查提出的质量问题，监测任务作业单位应认真组织全面修改，修改人员应在检查记录上签字。

（6）经二级检查不合格或未达到质量指标要求的，监测成果全部退回处理。处理后的监测成果重新执行二级检查，直至合格为止。

二级检查完成后，应进行单位成果质量等级评定，并编写检查报告，检查记录及检查报告随成果一并提交验收。

（五）检查内容

对成果的完整性、规范性、一致性进行检查。

1. 完整性

完整性指调查数据填写的完整性。

与调查区域工作底图对比，保证调查区域的建筑物无遗漏，对于现场发现不属于应调查建筑物，但底图中包括的图斑对象，以及归属于无法提供数据的管理主体的建筑，经审核同意后不调查。

采集表内容比照，保证所调查建筑物的调查数据资料不缺项。

检查填报数据是否符合必填、选填、条件必填等要求。

2. 规范性

数据格式规范性：填报数据的要求应符合相关数据格式，包括填报指标数据类型是否符合要求（如字符型、数值型等），字符长度、精度、选项个数的规范性（如单选、多选）等。

文件格式规范性：文件格式规范性包括上传附件是否符合格式要求。

3. 一致性

分为逻辑一致性、空间一致性、时间一致性、属性一致性。

（1）逻辑一致性：包括填报指标选项间逻辑关系约束、填报指标间逻辑关系、调查表间逻辑关系等。

（2）空间一致性：包括填报地址、位置与实际情况是否一致等。

（3）时间一致性：包括填报时间与事实一致性等。

（4）属性一致性：包括表中数据与实际情况的一致性。

（六）质量检查方式

对生产部门质量管理情况通过查阅记录、询问交流、现场查看的方法进行检查。对成果质量检查主要采用核查分析、外业巡查、旁站观测等检查方法进行抽样检查。检查过程中采用人工核查、软件质检相结合的方式，质量检查结果评价依据质量检查与抽查规定进行。质量检查应根据技术设计书中规定的相应检查项，按项目技术要求检查，并填写相应检查记录，最终形成质量检查报告。

1. 人工核查

调查人员自查，在作业过程中，调查人员对自己调查过的图斑进行自查。

项目组质量抽查，在调查员调查完成后，调查组按照抽查比例进行抽查。

街道调查负责人进行全过程质量控制。

2. 软件质检

利用住房城乡建设部相关软件，对成果的完整性、一致性、规范性进行检查。

（七）质量检查报告的撰写

质量检查报告包括基本情况、质量检查情况、数据成果验收情况、结论、落款等内容。

1. 基本情况

（1）完成情况。

所汇交数据区域在本次普查标准时点的房屋建筑总栋数，包括城镇房屋栋数、农村房屋栋数。

完成调查总栋数、完成率，包括城镇房屋完成栋数、完成率以及农村房屋完成栋数、完成率。

对未完成部分的合理说明（相关说明可列为附件）。

完成调查的房屋总面积，包括城镇房屋面积数、农村房屋面积数。

（2）组织实施情况。

组织实施模式是以第三方机构为主还是以发动乡镇人民政府（街道办事处）、村（居）民委员会等基层组织为主。

第三方调查机构来源、背景、专业能力，委托程序、委托模式等。

内业数据收集整理了哪些部门的已有业务数据资料，资料总数量（份数、条数）等。

外业调查起止时间，调查期间投入人次、外业工作人数峰值，以及其需要报告的情况。

（3）过程管理情况。

按照有关文件对房屋建筑调查实施全过程质量控制的情况。

在调查的各个阶段实施监督管理的情况。

设置的调查单元个数；对调查人员和调查单元建立的管理模式、管理制度等（相关制度可列为附件）。

市级、国家部门进行支持指导和督促检查的主题、方式、频次、人次、效果等情况。

2. 质量核查情况

（1）软件质检情况

1）质检数据条数。

2）历次质检发现的问题清单及整改情况。

3）所发现问题按照完整性、规范性、一致性归类情况。

（2）人工核查情况

1）抽检是否委托第三方，第三方机构情况（来源、背景、能力等）。

2）抽检的调查单元或行政区域个数、覆盖率，抽检房屋总栋数和占比，以及分类栋数及占比。

3）对抽检覆盖面和数量能否反映本级房屋建筑调查数据的总体质量水平的论证情况、论证程序。

（3）数据成果验收。

3. 数据成果验收情况

其包括验收程序、验收通过率等。

4. 结论

对所汇交调查数据整体质量水平的论证意见。

5. 落款

落款注明报告提交单位并盖章，项目负责人签字。

十二、成果提交审核

提交给审核队伍进行审核。

（一）成果内容

成果内容包括空间图层及属性数据、关联表格文件及相关文件资料。

1. 空间图层及属性数据

空间图层包含城镇房屋、农村住宅房屋、农村非住宅房屋，数据格式为 shapefile，相关调查属性内容组织在 shapefile 文件的属性字段中。

2. 关联表格文件

关联表格文件包括照片附件文件关联表，包含文件分组表和文件表，格式为 Excel（xlsx）。

3. 相关文件资料

主要包括佐证照片、工作报告、技术报告、审核整改报告等。

考虑实体照片占用空间较大，拷贝时间较长，要求按照实体照片的存储路径整理形成照片文件列表，格式为 Excel（xlsx）。

房屋建筑现场调查照片，格式为 jpg、jpeg、png 等，单个照片文件大小要求 300kB 以下。

（二）成果格式

按照空间图层及属性数据、关联表格文件、相关文件资料数据，分类组织、管理导出。成果组织格式示例如图 3 - 10 所示。

关联表格文件	2021-09-10 15:10	文件夹	
照片文件	2021-09-10 15:10	文件夹	
risk_census_country_house.cpg	2021-09-10 15:10	CPG 文件	1 KB
risk_census_country_house.dbf	2021-09-10 15:10	DBF 文件	41 KB
risk_census_country_house.prj	2021-09-10 15:10	PRJ 文件	1 KB
risk_census_country_house.shp	2021-09-10 15:10	SHP 文件	1 KB
risk_census_country_house.shx	2021-09-10 15:10	SHX 文件	1 KB
risk_census_country_house.xls	2021-09-10 15:10	XLS 工作表	33 KB

图 3 - 10　成果组织格式示例

（三）成果提交要求

需保证空间要素、属性结构、数据格式等与技术设计书保持一致，基本要求如下。

1. 空间基准

空间基准为天地图公众版，具体为：

坐标系：采用国家 CGCS2000 地理坐标系（EPSG：4490）。

高程：1985 国家高程基准；高程坐标单位为"米"。

2. 空间要素要求

（1）房屋建筑矢量数据为空间面数据。

（2）房屋建筑必须在海淀区行政区范围内（行政区划范围可从全国房屋建筑和市政设施调查软件系统中导出）。

（3）图层内面要素不允许自相交。

（4）图层内要素不允许存在多部件。

3. 属性内容要求

（1）图层中"编号"唯一，编号规则正确。

（2）图层要素命名规范，属性完整。

（3）图层属性字段名称、字段类型、长度、值域等符合要求。

4. 数据文件组织目录要求

提交的成果目录组织图如图 3 – 11 所示。

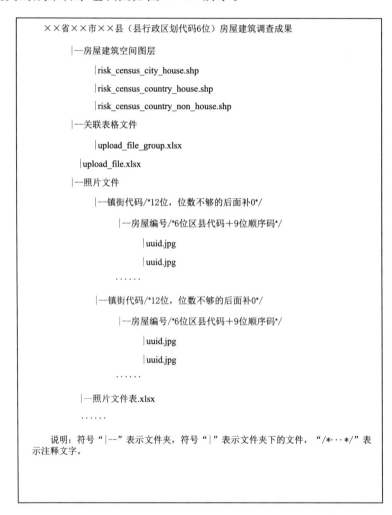

图 3 – 11　成果目录组织图

十三、成果修改

根据核查结果，对成果中存在的问题进行修改，并形成修改报告。

第四章 软 件 研 发

为了摸清海淀区行政辖区内灾害风险隐患底数，结合海淀区房屋管理的实际需求，掌握翔实准确的房屋建筑承灾体空间分布及灾害属性特征。在海淀区行政辖区内，统筹海淀区既有房屋建筑底账数据、海淀区既有大平台数据、地理国情监测数据、海淀区"一张图"数据、遥感影像数据、土地利用性质数据、行政区划数据等，根据工作需要开展房屋建筑承灾体调查项目空间数据制备。北京市住房城乡建设委组织实施全市房屋建筑调查，以国家统一下发的底图数据为基础。将制备的房屋建筑承灾体调查空间数据与住房城乡建设部数据进行底图图斑、影像和属性等方面对接，形成更为全面的房屋建筑承灾体调查空间工作底图数据。

此次项目调查时点为 2020 年 12 月 31 日，底图数据包括高分辨遥感影像数据（分辨率为 0.8 米，时点为 2020 年 12 月）及房屋建筑图元数据。建设集高分辨率遥感影像、基础地理信息、调查对象空间数据为一体的房屋建筑承灾体调查项目空间数据库，为非常态应急管理、常态灾害风险分析和防灾减灾、空间发展规划、生态文明建设等各项工作提供基础数据和科学决策依据。

海淀区房屋建筑承灾体调查系统为开展房屋建筑承灾体调查工作提供信息化支撑，用户面向市、区（县）各级主管部门以及实施人员，包含调查员、检核员和核查员。该系统提供数据采集功能，实现房屋建筑空间信息及相关属性信息的采集。该系统提供数据质检和核查功能，可以对调查数据进行质量检查和抽样核查，以保障数据采集质量。各级主管部门通过系统，可实时掌握数据调查工作进展情况，实现对调查要素的统一、集中管理。系统分 PC 端和移动端 App，提供高效、便利、自动化程度高的调查手段，以提高调查工作的质量和效率。PC 端工作平台主要服务于房屋调查、数据质检和核查、数据审核等工作；移动端 App 用于房屋调查及核查工作。以《城镇房屋建筑调查技术导则》《农村房屋建筑调查技术导则》《全国房屋建筑和市政设施调查软件系统数据建库标准规范（房屋建筑全国版）》中要求调查的内容指标为基础，在满足住房城乡建设部要求的基础上，结合海淀区房屋管理需求以及质检需求，增加调查指标及质检检查内容。

第一节 海淀区房屋建筑承灾体调查系统管理子系统（PC 端）

一、任务配置

任务配置是指管理员和调查员进行任务查询和选择，可以快速定位到任务界面，查看房屋建筑信息。

（一）任务查询

海淀区房屋建筑承灾体调查系统管理子系统（PC 端）根据选择的查询条件采集调查类型、任务关键字检索调查任务。

（二）选择调查任务

选择调查任务，即可叠加已调查的房屋图斑到影像底图上。

二、调查类型配置

调查类型配置是系统对房屋建筑调查模块按照《城镇房屋建筑调查技术导则》《农村房屋建筑调查技术导则》《全国房屋建筑和市政设施调查软件系统数据建库标准规范（房屋建筑全国版）》等进行相应配置需求，其中可对部门、房屋建筑类型、基本信息、调查记录、调查字典进行配置。

（一）添加部门

可以自定义部门名称，确定调查部门名称后，重建调查类型，把调查类型模板归属到此部门中。添加部门界面如图 4-1 所示。

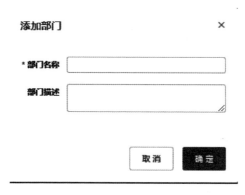

图 4-1 添加部门界面

（二）新建类型

可以自定义调查的点状、线状、面状类型。面对不同的几何类型，做对应类型的调查，如针对面状建筑物的调查，应选择面状类型，然后点击确定进行调查。新建类型界面如图 4-2 所示。

（三）查询类型

通过输入关键字，进行特定的类型查找，进行筛选。查询类型示

图 4 - 2　新建类型界面

例如图 4 - 3 所示。

几何类型	类型名称	导出文件名称	操作
面状	◎ 农村住宅建筑调查信息采集表(独立住宅)	risk_census_country_house(detached_dwelling)	✎ 🗑

图 4 - 3　查询类型示例

（四）基本信息

通过点击编辑工具，可对该调查类型的基本信息进行查看，可以查看该类型表单的几何类型、类型名称、创建者、创建时间、修改者、管理员、修改时间、类型描述，同时也可以对类型名称进行修改和对类型描述进行编辑，示例如图 4 - 4 所示。

（五）调查记录

通过调查记录可查看该类型调查数量多少，也可以查看属性信息，同时也可查看调查记录图形矢量信息。其有两种查看模式：一种为列表模式；另一种为地图模式。列表模式可以查看该类型的全部调查数据；地图模式通过地图展示，全部调查图斑可在地图上叠加显示，单击该图形，就可查看其属性信息。调查记录显示示例如图 4 - 5 所示。

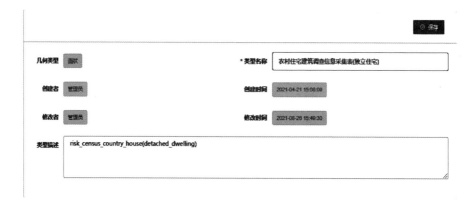

图 4-4 类型基本信息示例

（a）查看属性信息

（b）查看调查记录图形矢量信息

图 4-5 调查记录显示示例

（六）字典管理

可以进行针对该类型数据字典名称以及字典项的配置与维护，为表单配置提供数据支撑。将一些调查信息做成选择项，通过选择，方便调查人员信息录入，提高工作效率，可以进行新增字典、删除字典，同时也能对字典选择项进行编辑，支持修改、删除和增加等功能。字典管理编辑示例如图 4-6 所示。

图4-6　字典管理编辑示例

（七）配置表单

根据项目要求，进行表单配置，可以添加分组、添加字段、删除字段和调整顺序。同时也能进行字段的维护设置，如修改字段名称、导出字段名称、填写提示、字段后缀、是否必填、搜索设置、字段类型、初始值、输入方式、支持自定义输入等配置。字段维护设置如图4-7所示。

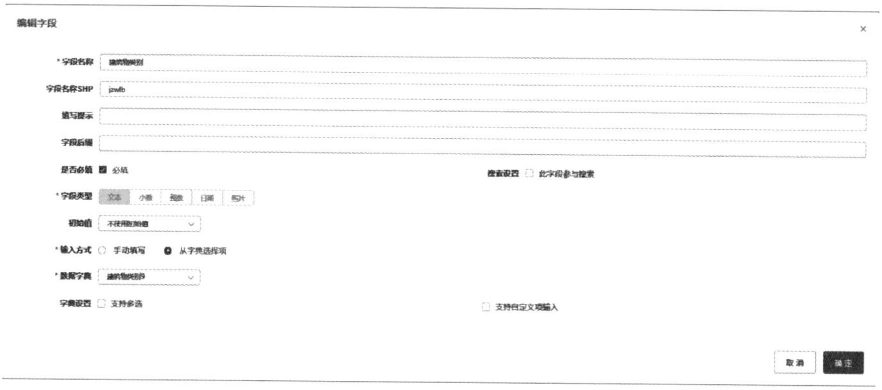

图4-7　字段维护设置示例

三、任务管理

任务管理是对调查任务的分配、安排、进度的管理。

任务管理分为创建任务、查询任务、指派任务、删除任务、任务初始化、离线分发（离线）、任务记录、任务导出成果8个子模块。

（一）创建任务

创建任务（图4-8），设置任务的名称，如果移动端App上需要放置离线影像，请与该任务名称保持一致（如：兴隆村风险评估调查.frt），同时还能设置任务截止时间。确定任务的最后调查期限，还能对该任务做一些提示，辅助外业调查人员。

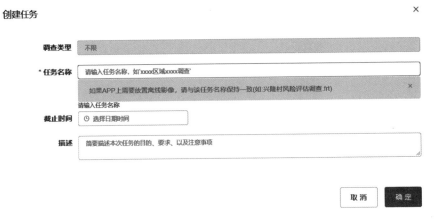

图 4-8 创建任务界面

（二）查询任务

查询任务（图 4-9）通过输入特定关键字，对任务进行查询。

图 4-9 查询任务示例

（三）指派任务

指派任务（图 4-10）是指管理员进行任务分配，分配给指定的调查小组。

（四）删除任务

对未完成或取消的任务，可以删除单个任务，停止外业调查。

（五）任务初始化

任务初始化既是记录导入，内业人员使用导入 shp 文件的方式，初始化原始房屋属性数据，通过配置 shp 矢量文件字段与调查字段的关系，进行属

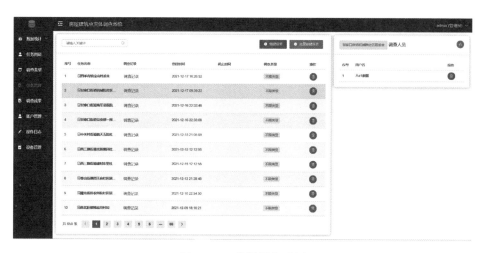

图 4-10　指派任务示例

性挂接。外业调查人员对原有记录进行检查修改，对未填写的进行补充，目的是提高采集效率，减轻外业人员工作量，提高数据填写的正确率，如图 4-11 所示。

编辑字段　　　　　　　　　　　　　　　　　　　　　　　　　　　　　　×

* 字段名称　　调查面积

字段名称SHP　dcmj

填写提示

字段后缀　　平方米

是否必填　□ 必填　　　　　　　　　搜索设置 □ 此字段参与搜索

* 字段类型　文本　小数　整数　日期　图片

初始值　自动获取图层属性　∨　　　　* 图层属性　dcmj

* 输入方式　○ 手动填写　○ 从字典选择项

取消　　确定

图 4-11　属性挂接图

（六）离线分发（离线）

使用离线版的任务导入工具，分发导入任务至采集终端。具体操作步骤如下。

1. 创建空库

创建空库（图 4-12）时库名称需和任务名称保持一致。

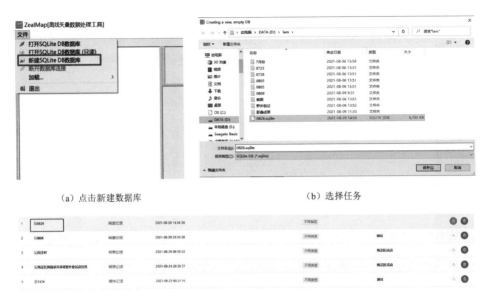

(a) 点击新建数据库　　　　　　　　　　(b) 选择任务

(c) 新库建成

图 4-12　创建空库示例

2. 导入数据

导入数据界面如图 4-13 所示。

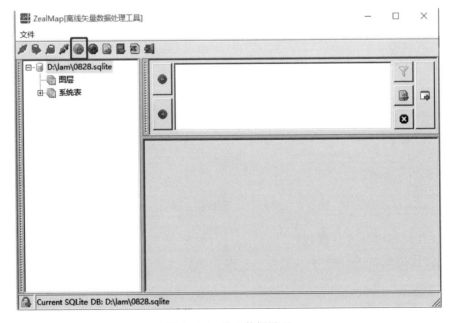

图 4-13　导入数据界面

加载 Shapefile 示例如图 4 - 14 所示。

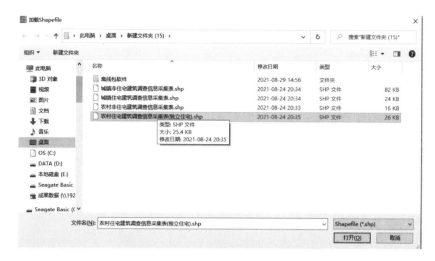

（a）选择矢量文件

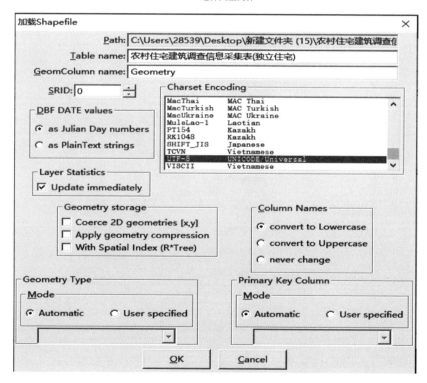

（b）选择矢量参数

图 4 - 14 加载 Shapefile 示例

导入数据（图 4 - 15）时请注意编码与原始文件格式保持一致，原始 shp 文件是什么编码，则采用什么编码，图层名称需和调查类型名称保持一致。

图状	○ 农村非住宅建筑调查信息采集表	risk_census_country_house	🔍 🗑
图状	○ 农村住宅建筑调查信息采集表(集合住宅)	risk_census_country_house(amalgamated_dwelling)	🔍 🗑
图状	○ 城镇非住宅建筑调查信息采集表	risk_census_city_house_nonresidential	🔍 🗑
图状	○ 农村住宅建筑调查信息采集表(独立住宅)	risk_census_country_house(detached_dwelling)	🔍 🗑
图状	○ 城镇住宅建筑调查信息采集表	risk_census_city_house	🔍 🗑

图 4 - 15　导入数据提示图

一个任务库可以导入多个调查类型图层，重复以上步骤导入 5 个调查类型的图层（如该任务无该类型图斑，导入空图层）。

3. 浏览数据

通过右键图层选择"编辑数据"按钮（图 4 - 16），可浏览数据。

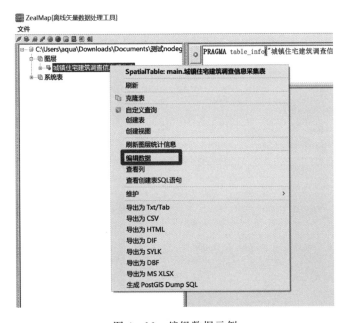

图 4 - 16　编辑数据示例

可查看导入的图层记录（图 4 - 17）。

4. 传输

将上述创建的 Sqlite 数据传输或拷贝到移动端 SD 卡中，同时将影像切片文件修改为和任务名称一致的文件。

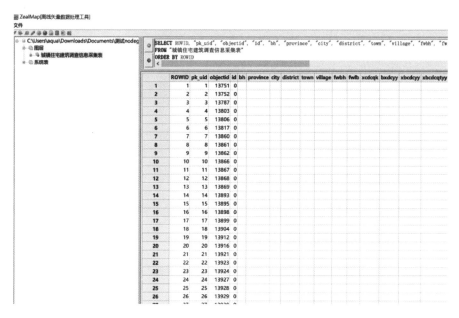

图 4 - 17　查看导入的图层记录示例

（七）任务记录

外业调查的成果数据，可通过 PC 端任务记录查看该类型调查数量多少，也可以查看属性信息，同时也可查看调查记录图形矢量信息。其有两种查看模式：一种为数据视图；另一种为地图视图。数据视图中可以查看该类型的全部调查数据；地图视图是指面积发生变化的图斑对图形重新上传，其中包括新增、合并和分割图斑，在地图上叠加显示，点击该图形，就可查看其属性信息。任务记录示例如图 4 - 18 所示。

（八）任务导出成果

在数据视图下，可以按照国家成果标准导出成果数据，主要包括 xls 属性数据、shp 矢量（新增、合并）数据以及照片数据。

（a）查看属性信息

图 4 - 18（一）　任务记录示例

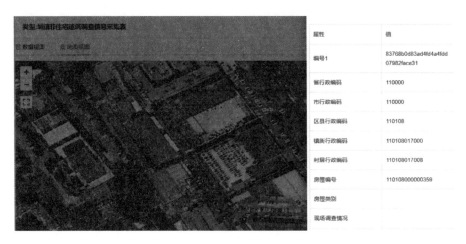

（b）查看调查记录图形矢量信息

图 4-18（二） 任务记录示例

四、调查成果展示

调查成果展示是指对房屋建筑承灾体属性信息、编辑记录、删除记录以及地图视图进行展示，可以根据部门、采集表单类型两个维度，通过属性信息或地理视图两种方式展示成果数据。

（一）属性信息

按照部门、采集表单类型的维度，筛选出全部数据，如图 4-19 所示。

图 4-19 属性信息示例

（二）二次检索

1. 表单

可以支持采集表单项的内容如编号（配置检索字段）进行二次检索。还可以点击高级，根据更多条件项检索，如图4-20所示。

（a）编号（配置检索字段）进行二次检索

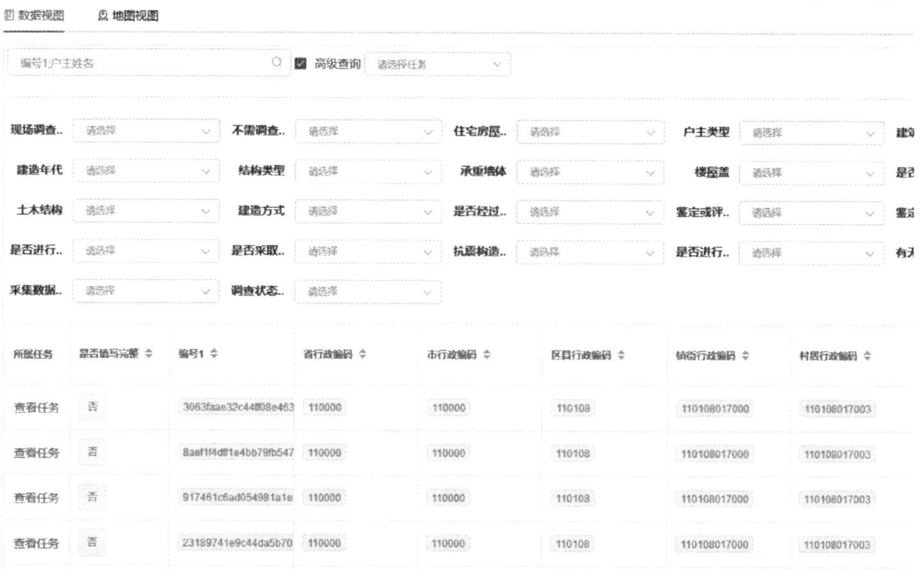

（b）更多条件项检索

图4-20 二次检索（表单）示例

2. 任务

支持成果数据的多任务叠加检索（图4-21）。

（三）编辑记录

检索定位到记录后，可以对数据进行全属性的编辑操作，如图4-22所示。

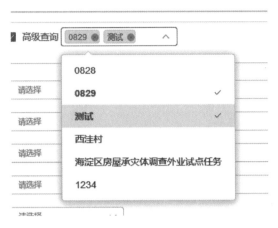

图 4-21 二次检索（任务）示例

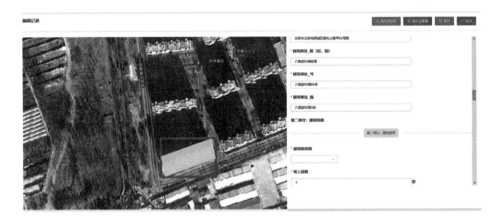

图 4-22 编辑记录示例

（四）删除记录

可以删除特定的调查成果记录。删除记录提示界面如图 4-23 所示。

图 4-23 删除记录提示界面

（五）地图视图

可以在底图上查看新增、合并的房屋图斑，如图4-24所示。

图4-24　地图视图示例

1. 查看房屋

点选房屋图斑，可以查看本条数据的详细信息，如图4-25所示。

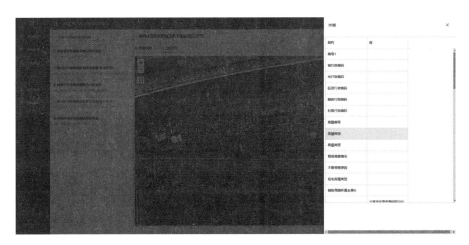

图4-25　查看房屋示例

2. 显示标记

支持标记图层的叠加显示（图4-26）和关闭。

3. 采集表导出成果

导出采集表模板全部的成果数据。具体组织方式参照《全国房屋建筑和市政设施调查房屋建筑数据建库参考》。

图 4 - 26 显示标记图

五、调查成果统计

对海淀区房屋建筑承灾体调查成果进行统计分析，实现按行政区划级别、按标段、按联合体、按调查状态、按质检状态、按房屋类型等不同维度统计（图 4 - 27）。

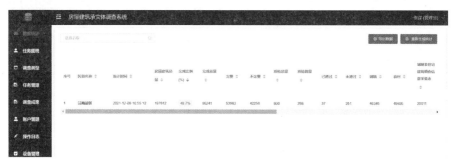

（a）按行政区划级别统计

（b）按标段统计

图 4 - 27 调查成果统计示例

六、成果质检

对海淀区房屋建筑承灾体调查成果进行质量检查，分为列表模式和记录详情模式，发现不合格数据可实时反馈到调查人员，调查人员修改后提交，质检人员对调查成果进行复核确认。同时可实现批量填写检查状态。成果质检示例如图 4 - 28 所示。

图 4-28　成果质检示例

七、登录退出

注册用户表单包含有真实姓名、联系方式等基础信息，以此提供统一认证登录极限。

由于平台用户众多，用户的统一登录和安全防范是平台设计开发的重点和难点之一。因此，应将统一门户管理纳入平台，在平台统一管理的基础上，融入统一身份、统一认证、统一授权、统一审计的安全护盾，实现对各子系统的有效整合，满足平台应用安全保障，帮助用户完成人员、部门、权限、审计日志等的统一管理，从而在做到有效的平台安全保障的同时，也进一步提高管理效率。系统登录界面如图 4-29 所示。

图 4-29　系统登录界面

（一）单点登录

平台采用单点登录的模式来实现统一身份、统一认证以及统一授权。门户网站提供在各个不同子系统中的单点登录功能。支持不同域下业务应用统一认证集成，通过集中资源服务及授权管理系统提供的集中身份信息和权限信息。通过用户的一次性鉴别登录，即可获得所有相互信任的子系统访问授权，实现统一身份、统一认证、统一授权。单点登录模块由以下三个方面构成：登录、认证、注销。

1. 登录

单点登录服务的登录界面实现主体认证。它要求用户输入用户名和密码，就像普通的登录界面一样。主体认证时，单点登录服务获取用户名和密码，然后通过平台的认证机制进行认证。

2. 认证

单点登录服务器可以创建一个很长的、随机生成的字符串，称为"ticket"。它只对登录成功的用户及其服务使用一次，使用过以后立刻失效。单点登录服务通过校验路径获得了 ticket 之后，通过内部的数据库对其进行判断。如果判断是有效性，则证明登录成功，随后单点登录服务将 ticket 作废，并且在客户端留下一个 cookie，以后其他应用程序就使用这个 cookie 进行认证，而不再需要输入用户名和密码。

3. 注销

注销实际上就是用户退出已经登录的账号。

（二）安全审计

系统可统一记录用户的登录、操作日志，对用户的使用情况进行监控。系统还提供对于用户管理和认证的全面安全管理，包括：用户安全体系、用户信息加密、访问日志分析、数据备份/恢复、网络安全防护、用户信息审计和自动用户清洗等一系列功能，全面解决系统的事前、事中和事后的安全问题。

八、用户管理

用户管理模块提供对用户信息的管理，包括用户注册、用户登录、用户权限管理、用户信息修改，可对系统中用户进行增、删、改、分配权限。用户可在工作间进行个人信息维护管理，可按不同角色（用户组）来区分不同用户权限。系统用户管理示例如图 4－30 所示。

（一）用户注册

根据用户表，设计相应的注册页面。注册页面包括用户名、密码、邮

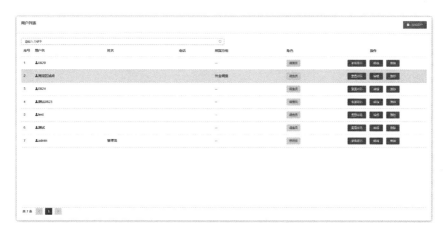

图 4-30　系统用户管理示例

箱、部门、电话等信息。当用户进行注册时，填写这些信息，用户名不能与已注册的用户名相同，填写完成后，提交注册请求，后台会响应该动作，首先获取到页面发来的参数，然后将这些参数写入到数据库中，最后向用户提示注册成功与否。

（二）用户登录

用户注册之后，就可以通过用户名和密码登录。当用户提交登录请求时，后台会响应该动作，首先获取到页面发来的用户名和密码，然后通过查询该用户名是否存在且密码正确，最后根据结果发送跳转页面。如果用户名存在且密码正确，则可进入平台主页面；否则，提示登陆错误信息。

（三）用户信息修改

用户可以登录系统，修改完善个人信息，同时平台会内置一个超级管理员，也可以通过超级管理员账户，实现对用户信息的修改。

九、分组管理

权限是管理系统的核心，可对数据、功能的权限进行高自由度配置。可以从不同的角度（用户、用户组、IP范围、时间范围、组织/专题）设置数据以及功能的访问和管理权限。

系统提供用户权限管理功能，支持用户角色信息管理，以及新增角色、角色编辑、成员管理、角色菜单管理等功能，方便用户权限设置。根据用户的基本信息进行权限分组，不同权限的用户对系统模块进行对应操作；超级管理员具有后台系统所有模块的操作权限，可对用户权限、数据操作权限进行增加、修改、删除和查询。系统权限管理界面如图4-31所示。

图 4 - 31　系统权限管理界面

十、日志管理

日志管理的目标是及时收集平台系统中所有设备、资源、应用系统运行产生的日志信息。具体功能包括日志记录、日志查询、日志删除、日志备份功能，重要系统操作纳入日志管理，可在后台查阅。系统日志管理界面如图4 - 32 所示。

图 4 - 32　系统日志管理界面

（一）日志记录

日志记录主要记录用户在访问系统功能时的访问时间、用户 IP、用户名称、操作内容（如数据入库、数据分析、查询统计等），同时系统支持对异常任务日志单独记录，方便系统管理人员分析查看。

（二）日志查询

日志查询提供日志信息分类查询功能。查询内容包括用户名称、日志创建时间、用户 IP、访问内容等。支撑系统具备模糊查询方式。

（三）日志删除

日志删除提供过时的日志信息删除功能。系统提供以下两种删除方式：一种是按时间进行删除；另一种是按保留的记录条数进行删除。

第二节　海淀区房屋建筑承灾体调查系统外业调绘子系统（移动端App）

一、调查管理

若底图数据与实际情况相符，直接在信息界面填写属性信息。具体操作步骤如下：打开房屋调查界面调查员登录移动端系统，在系统首页点击【调查】。拾取建筑图斑，在房屋调查界面中可以看到已完成和未完成的调查信息，检查已有信息，补充未填写信息。填写好房屋信息之后，单击【保存】（需完成必填项输入），单击【保存草稿】（是对信息部分填充）。调查管理界面如图4-33所示。

（一）切换类型

若底图房屋数据内业预判类型与实地不一致，建筑用途发生了变化，需外业实地进行修改，选择【切换】，拾取图斑，对房屋建筑类型进行切换，选择与实地相符的调查类型，点击【√】进行表单信息的填写，如图4-34所示。

图4-33　调查管理界面　　　　图4-34　切换类型示例

133

（二）添加图斑

若底图房屋数据缺失（针对底图无房屋的，实地有房屋的情况），则新增房屋空间信息和基本信息。点击添加功能，点击地图，确定增加点位，根据实地情况进行房屋绘制，如图4-35所示。

（三）分割图斑

实地外业调查时，发现建筑底图数据与实地不一致，一个图斑包含多个建筑，应进行分割，拆分成多个图斑，与实地现场相符。打开分割界面，选择【分割】，选中需要分割的房屋。进入分割模式，点击【分割】，进入绘制界面，在房屋上绘制分割线，绘制要分割完成的第一个房屋。绘制完成之后点击【√】。分割图斑示例如图4-36所示。

图4-35　添加图斑示例

图4-36　分割图斑示例

（四）合并图斑

实地外业调查时，发现建筑底图数据与实地不一致，一个建筑物被画成了多个图斑，应进行合并处理，合并成一个图斑，与实地现场相符。打开合并界面，选择【合并】，选中需要合并的房屋。进入合并模式，点击【合并】，进入绘制界面，在房屋上拾取多个图斑，拾取后之后点击【√】，完成合并。合并图斑示例如图 4 - 37 所示。

（五）必填验证

内业作业人员可以配置调查项是否必填。设置完成后，外业调查人员实地调查填写信息，为保证建筑信息填写的完整性，增加必填项验证，如图 4 - 38 所示。

图 4 - 37 合并图斑示例   图 4 - 38 必填验证示例

（六）保存草稿

内业作业人员可以配置调查项是否必填。设置完成后，外业调查人员实地调查填写信息，为保证建筑信息填写的完整性，增加必填项验证。如果必填项未全部填写完成，外业人员将无法保存，只能保存草稿，将成果数据暂存，如图 4 - 39 所示。

（七）提交数据

外业调查人员实地调查填写信息，将必填项全部填写完毕，外业人员可以点击保存进行上传提交，如图 4 - 40 所示。

图 4-39 保存草稿示例   图 4-40 提交数据示例

（八）任务同步

多人同时登录同一个任务账号，可以同步调查功能，支持离线任务，可以手动刷新调查数据同步。

二、成果核查

核查人员登录质检 App，可对各标段外业调查成果进行随机抽查，核查过程中不可对成果进行修改，只能填写检查状态。同时可将核查结果实时反馈给 PC 端和移动端 App，外业人员可通过空间位置和属性记录进行查找，实时互通。成果核查界面如图 4-41 所示。

三、软件登录

外业调查人员可自行在联网硬件上登录移动端 App（图 4-42），按照分发任务进行房屋建筑承灾体调查。

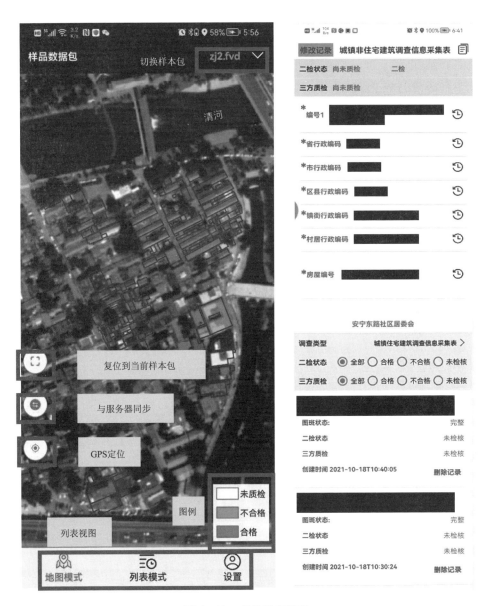

图 4-41 成果核查界面

四、设备定位

房屋建筑承灾体调查指标中有房屋地址选项，为提高外业人员调查质量以及工作效率，外业调查软件设备可自动定位，保证房屋地址正确性，通过定位可以调查以及核查内业数据属性项。

五、任务管理

移动端 App 可对所做任务进行管理，包括查看自身的任务执行情况以及点击任务进行调查。

六、记录管理

移动端 App 可对调查记录进行管理，每一种类型的调查信息均可记录，按照修改时间进行排序，最上面记录时间为最新修改，示例如图 4-43 所示。

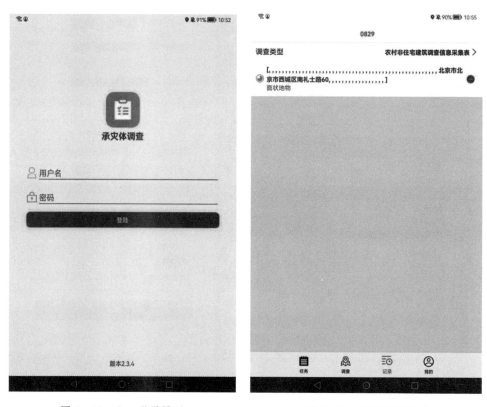

图 4-42 App 登录界面　　　　图 4-43 记录管理示例

七、个人配置

软件可以进行地图模式的设置，分为不使用底图、影像加注记、影像、道路四个图层，根据不同形式进行选择。个人配置界面如图 4-44 所示。

图 4-44 个人配置界面

八、同步更新

系统通过 API 向服务器发送数据同步请求，完成当前任务的部分图斑属性更新。在同一任务区不同操作人员之间可同步更新数据，防止多人采集同一房屋建筑。

第五章 技术难点和建议

第一节 主要技术问题和建议

作业过程中按照《实施方案》、专业技术设计书及相关技术规定执行，出现的问题及处理方法如下。

一、沟通协调类

（1）对于在村里调查时，存在村民不认可居委会或只认可村委会的情况，如何协调？

建议：海淀区房管局组织村、社区、街道开展培训会，自然灾害综合风险普查工作落实到基层。外业调查房屋时，需与村、社区、街道相关人员提前沟通，使了解房屋信息工作人员带领到现场调查。

（2）关于社区物业单位配合问题，社区不清楚自己的台账及相应图斑分布，无法提前沟通联系物业单位，如何协调？

建议：①沟通前置，外业调查前做好与社区、管理单位联系；②社区层面的配合，需要社区提供相应管理单位的联系人，调查人员找管理单位进行信息登记；③如果现场遇到不配合的情况，与社区、街道、房管专员进行联系解决，若解决不了，则标注原因，后续进行补充调查。

（3）城镇房屋建筑涉及医院、学校、政府单位等，外业调查时社区无法与其单位联系，如何处理？

建议：外业调查人员需要提前熟知自己调查范围内的房屋建筑使用情况，与社区提前沟通时，说明房屋建筑使用信息，做好准备工作。

（4）由于此次项目调查时间紧张，需要安排非工作日时间进行房屋建筑现场调查，如何协调基层工作人员带领外业调查人员入户调查？

建议：区里统一协调。

（5）通过社区带队负责入户工作人员无法入户调查，如何协调？

建议：区里统一协调。

（6）通过房管员无法获取房屋建筑信息，如何协调？

建议：区里统一协调。

二、技术类问题

房屋建筑承灾体调查时遇到的技术类问题主要包括建筑结构、改造情况、抗震加固情况等。

对于房屋建筑承灾体调查中的建筑结构问题，普查原则上按照竖向承重构件/抗侧力构件材料简化分类。城镇住宅房屋建筑分为砌体结构、钢筋混凝土结构、钢结构、木结构和其他，砌体结构又进一步分为底部框架-抗震墙结构砌体结构、其他。6层及6层以下的普通住宅结构一般是砌体结构，因为抗震设计等要求，6层以上的住宅是砌体的可能性不大；基本上城乡接合部的房屋底部框架-抗震墙结构居多，主要涉及底层是大空间，上面是砌体结构。如果上下都是大空间可考虑钢筋混凝土结构，单层砌体结构房屋肯定不是底部框架-抗震墙结构。框架结构房屋中的多层房屋数量占比较多，剪力墙结构中的高层房屋占比较多，剪力墙构造房屋中6层以上的住宅占比较多；钢结构用于住宅的少，因为隔声效果和舒适度不好，主要是用于厂房、公共建筑等；木结构房屋中老房子占比较多，其中木结构房屋定义为全部的承重构件都是木柱，如果前墙有木柱，山墙或者后墙没有木柱，那就是混杂结构。城镇非住宅房屋建筑中学校建筑运用单跨结构占比较多。

对于房屋建筑承灾体是否采用减隔震技术的问题，采用减隔震技术的房屋建筑非常少。

对于房屋建筑承灾体是否存在变形损伤的问题，之前城镇房屋中厂房用的是轻钢结构，会有变形的现象，需要注意。非结构的外墙外保温、瓷砖、女儿墙有损伤，对人有危险的，也是需要拍照上传，备注说明。

对于房屋建筑承灾体是否改造的问题，需要注意的有三点：①建筑用途有没有发生改变；②建筑的结构有没有发生改变；③建筑荷载有没有增加。如果三条有一条是的话，那就进行过改造，做好备注说明。

（1）清华大学校园内，整体为玻璃建造（图5-1），建筑结构如何确定？

建议：初步观察房屋建筑是钢结构，需要原始资料核实。

（2）地下健身场（图5-2），建筑全部是地下，地上层数和建筑高度如何填写？目前地面露出0.65米。

建议：地上层数为0，地上高度0.65米，然后做好备注是全地下建筑。因为全地下建筑抗震性比较好，建筑高度的关注度不高。

（3）北京信息科技大学气膜体育馆（图5-3），房屋建筑结构如何确定？

（a）建筑正面

（b）建筑侧面

图 5-1 清华大学校园内建筑

建议：类似于气膜方舱的建筑，膜是落地的，则结构为其他结构。像此建筑是上下搭出来的结构，看一下是钢结构支撑还是钢筋混凝土结构支撑。判断是钢结构还是钢筋混凝土结构，主要是通过下方承重的结构来判断。

（4）外墙有装饰的房屋建筑（图 5-4），看不出内部结构，其结构如何确定？

建议：建议拿到设计文件来判断结构。如果下方是钢筋混凝土柱子，上

图5-2　地下健身场

图5-3　北京信息科技大学气膜体育馆

面大概率也是钢筋混凝土结构，如果下方是钢管，上面大概率是钢结构。

（5）第一张照片为院内主房［图5-5（a）］，第二张照片为院内配房［图5-5（b）］，主房承重为木柱和砖，为混杂结构，配房无可见木柱，但是房屋建造时间一样，该配房结构该如何认定？

建议：没有木柱支撑的话按照砌体结构填写。

（a）建筑正面

（b）建筑侧面

图 5-4 外墙有装饰的房屋建筑示例

（6）北京大学校内房屋建筑，其建筑用途为公共厕所（图 5-6），校方无相关信息，现场判断，房屋建造年代较新，结构如何确定？

建议：若砌体结构和钢筋混凝土结构通过外观区分不了的情况，需要观察房屋柱角的情况，若柱角平滑，为砌体结构；若柱角漏出来，则为钢筋混凝土结构。

框架结构的建筑混凝土柱一般尺寸比较大，截面尺寸最小 400 毫米×400 毫米，大的可达 1 米多，在建筑的四大角可以明显看到框架柱，框架柱突出，占用空间；砖混结构的建筑内设构造柱，内部看不到柱子，墙体上下

（a）院内主房　　　　　　　　　　　　（b）院内配房

图 5-5　平房院落

图 5-6　北京大学校内公共厕所

顺直，没有凸出墙体的构造。

　　习惯上人们把 370 毫米厚的墙称为"三七墙"，它是指普通标准红砖一横一顺和一道灰缝的宽度，宽度为 370 毫米，工程上叫三七墙。主要用于外墙承重砖的规格是 240 毫米×115 毫米×53 毫米。24 墙就是纵横搭接盖，墙体厚 240 毫米。

三七墙均为承重墙，建筑施工图中的粗实线部分和圈梁结构中非承重梁下的墙体都是承重墙。

（7）学校里层数为一层的房屋建筑，其建筑用途为教室、办公室等（图5-7），建造年代较新，周围楼房为钢筋混凝土结构，其结构如何确定？

图5-7 学校一层的教室、办公室

建议：砌体结构的概率比较大，在北大校园里单独建一层教室的概率不大，可能由原来老的建筑进行过改造，需要核实一下，需要通过观察房屋柱角的情况确定。

（8）学校中的房屋建筑，其建筑用途是配电室（图5-8），结构如何确定？

（a）建筑正面

（b）建筑侧面

图5-8 学校的配电室

建议：通过观察房屋建筑建造年代比较新，初步判断是钢筋混凝土结构，需要通过观察房屋柱角的情况确定。通过观察此房屋建筑会有地下的空间，需要进房屋内部确定。

（9）学校中的房屋建筑，其建筑用途是锅炉房（图5-9），结构如何确定？

（a）建筑正面　　　　　　　　　　　　　　　　（b）建筑侧面

图5-9　学校的锅炉房

建议：锅炉房填报需要注意层数，此房屋建筑凭外观无法判断结构，需要通过观察房屋柱角凸出的情况确定。

（10）学校中的房屋建筑，建造时间为2006年，其建筑用途为变压站（图5-10），其结构如何确定？

（a）建筑侧面　　　　　　　　　　　　　　　　（b）建筑正面

图5-10　变压站

建议：通过观察，房屋建筑砌体结构概率比较大，需要通过观察房屋柱角凸出的情况确定。

（11）现代房屋建筑（图5-11），房屋屋内有木柱承重，外面有砖，有玻璃幕墙，结构如何确定？

(a) 建筑外观　　　　　　　　　　　　(b) 建筑内部

图5-11　现代房屋建筑

建议：房屋结构确定需要查看设计文件，是否是新建的建筑。现场调查时确认侧面墙是否有木柱，若柱包在墙里面，一般会有竖向缝。

（12）三个房屋建造时间不一样，但是均可看到有木柱，可判断为第1个是木结构，第2个、第3个是混杂结构吗？

房屋1：建造时间1921年，如图5-12所示。

图5-12　房屋1

建议：看建造时间大概率是木结构，还是需要看一下后墙是否有木柱，或者是否有竖向缝。

房屋 2：建造时间 1987 年，如图 5-13 所示。

图 5-13　房屋 2

　　建议：看一下框中的部分有没有木柱，如果没有木柱，就是混杂结构。如果全是木柱承重，那么就是木结构，否则是混杂结构。

　　房屋 3：建造时间 1990 年，如图 5-14 所示。

图 5-14　房屋 3

　　建议：看一下山墙有没有木柱，如果没有木柱，就是混杂结构。如果全是木柱承重，那么就是木结构，否则是混杂结构。

说明：1）木结构与砖木结构。木结构为全部由木柱支承木栿、木檩、木椽构成，砖墙为不承重的维护结构。砖木结构为山墙、纵墙（砖柱）与木柱共同承重的木屋架结构。

2）北京市的东、西城区有一定数量的木结构，如图 5-15 所示，其他城区有一定数量的砖木结构和木结构，其建造年代比较久，其中一些为保护性建筑，一些为传统民居。

图 5-15 木结构房屋建筑

（13）北大校园中建于 1949 年的房子（图 5-16），通过观察房屋建筑外观较新，但没有资料说明改造过，怎么解决？

图 5-16 北大校园中的房子

建议：填写改造，然后备注一下装修改造。

（14）房屋建筑中，整体层数为一层，有小部分有二层到三层结构，如

图 5-17 所示，层数怎么确定？

（a）锅炉房1　　　　　　　　　　　　　　　　（b）锅炉房2

图 5-17　大通层房屋建筑

建议：参照剧场类型，就低不就高的原则，砌体结构类型就按照大通层的层数填报，然后做好备注。

（15）北大校园里建于 1924 年的房子（图 5-18），北大房管部门反馈是砌体结构，但是现场核查柱子是水泥的柱子，结构应该怎么填报？

图 5-18　北大校园中的房子

建议：对于房屋结构，关注房屋本身竖向结构，考虑柱子是否用水泥做了加固而里面还是原来的结构，对于调查的复杂性的情况，填报的时候做好备注。

（16）一层厂房（图 5 - 19）结构应该怎么填报？

图 5 - 19   一层厂房

建议：通过观察房屋建筑的梁，梁比较宽比较高，判断是单层框架结构。

三、软硬件调试类

（1）城镇非住宅房屋建筑涉及很多私自拆装的隔断房屋，"套数"这个必填字段是否可以删掉？

建议：城镇非住宅"套数"这个选项设置为选填，如有确切数据，还需填写。

（2）对于软件无法分割图斑，如何处理？

建议：软件更新版本。另分割图斑需要超过图斑的边界。

（3）调查软件出现闪退，如何处理？

建议：更新软件版本。

（4）若使用软件进行质检，具体应该用什么核查形式，通过什么途径？

建议：对接市级质检软件，在原软件基础上增加质检功能。利用现有的数据资源，为调查单位提供相应信息。核查机构督促调查机构，验收已普查、已验收的成果数据。

（5）若村里存在成片拆除的房屋，如何快速操作？

建议：若村里存在成片拆除房屋建筑的情况，确定拆除范围，通过内业将部分相同字段处理完之后，利用软件建立任务的功能，在新的任务内进行拍照操作即可。

第二节 工作经验和技术建议

一、工作经验

(一) 科学论证、切实可行

为保证房屋建筑承灾体调查工作有序开展，前期应积极筹备编写实施方案、专业技术设计书等。通过前期试点、技术编制、座谈讨论、专家审查、首件试生产等方式，多次论证方案的可行性和实用性，确保调查实施方案、内容指标扎实可行，以保证调查项目整体设计科学严谨。

(二) 完善制度、协调一致

为保证房屋建筑承灾体调查工作按照计划进度推进，制定周例会、月调度会、不定期现场检查、第三方质检等机制，通过 QQ、微信群交流问题和心得体会，确保技术问题实时有反馈、实时有回应，让问题处理变得高效，问题解决落到实处。通过内外业沟通确保内外业有序衔接、作业任务按时完成、成果质量符合要求。

(三) 严格监督、保证安全

组织管理人员对包括管理制度、外业生产设备、人员防护装备和交通安全在内的各项内容进行检查，及时发现问题，督促整改，严格监督安全生产全过程。

利用周例会、月调度会等形式，强调数据保密规定，要求作业人员高度重视，防止失泄密发生。通过现场检查保密制度和措施，保证调查数据安全。及时关注作业人员心理状态，保证作业人员高效、投入的同时，技术成长、心理健康、身体安全。

(四) 突出过程、确保质量

强化过程质量监督抽查，针对调查生产的组织方式、技术路线、成果要求等实际情况，对房屋建筑承灾体调查项目的阶段性成果、生产工艺、技术问题处理等进行检查。发现问题及时纠正，确保"持续改进、提前谋划"落到实处，保证三个层面的技术质量监督抽查工作取得的成效，通过分析、整改和培训，在后续生产环节中极大地提高了作业效率和成果质量。

(五) 强化培训、注重实效

房屋建筑承灾体调查重视培训工作开展。全年持续不断地开展技术培训工作，针对作业人员、一检人员、二检人员等不同的人群，针对调查不同类成果数据，针对不同作业阶段和生产环节、流程，有的放矢，积极组织开展各项相关培训。通过培训，各任务承担单位、作业单位的质检人员进一步统一了思想，更加充分地认识到加强调查成果质量控制的紧迫性、必要性和重要性，培训人员对调查成果数据质检的原则、程序、内容、方法和实操等相关要求的理解进一步深入，为持续开展好房屋建筑承灾体调查打下了坚实的基础。每次培训内容丰富、翔实，注重实际，突出实操和理论相结合，重视典型的案例分析和实操讲解，培训会议取得很好的效果。通过培训，加强引导，确保监测调查成果的真实、准确、可靠。

二、技术建议

（一）设置房屋安全管理人员

小区和村集体设置专业的房屋安全管理人员，对责任区内所有房屋进行密切巡查，重点记录安全风险较大的房屋，及时排除房屋的安全隐患。

（二）定期巡查和专项检查

对于已经被鉴定为危险的房屋建筑，除了房屋产权人或使用人应该随时观察房屋危险状态的发展情况以外，房地产管理部门应每月或每季度进行一次巡查；对教育系统用房、公共场所用房等特种行业用房的安全状况进行专项检查。

（三）持续开展农村房屋安全隐患排查整治

对在建房屋要及时录入住房城乡建设部"农村房屋安全隐患排查整治信息平台"，对在用房屋重点聚焦3层及以上、用作经营、人员密集、擅自改扩建的农村自建房，要安排专人立即进行排查，对初判存在安全隐患的要及时进行鉴定或评估，鉴定为C级、D级的要督促产权人或使用人立即整治。重点聚焦农村自建房的排查整治，对有人居住的要采用工程措施进行整治，该加固的加固，该拆除的拆除，确保消除安全隐患，对无人居住的房屋可采取设置警示标志、设立警戒线等管理措施进行整治。

（四）深入推进城市既有房屋隐患清查整治

重点对建造年代较早、长期失修失管、违法改建加层、非法开挖地下空间、破坏主体或承重结构的房屋，以及擅自改变用途、违规用作经营（出租）的人员聚集场所的自建房优先整改。在前期摸底排查的基础上，充分利用房屋隐患问题整改信息采集系统，建立隐患问题整改台账，做到底数清、情况明。要严格落实汛期房屋安全防范措施，坚决杜绝因房屋安全问题引发事故灾害。针对排查发现的违法建设和违法违规审批行为，要加大执法处罚力度，及时建立执法处罚台账，严格执法闭环管理。

（五）建立既有房屋管理系统动态监管

根据房屋建筑承灾体调查成果，包括房屋结构整体性检查，外表检查，内部结构体系拆改、改造情况检查，承重构件裂缝开展情况检查，房屋倾斜及地基不均匀沉降情况检查等，整理其属性及照片信息，从而确定需要实时监测的内容和所需设备，以及设备的部署位置，数据采集频率，数据上传、处理、展示方式等，建立房屋管理实时监测系统，运用移动技术与云平台结合的方式，辅助人工巡检过程，重点解决信息采集、共享、跟踪的便利性，减轻管理的"厚度"。通过云同步多维媒体信息，实现指挥中心与现场人员的实时交互，操作指令与响应处置的无缝对接。

根据监测和巡检数据设置分级预警机制，对房屋建筑的变形趋势以及移动巡检发现的问题视情况发送预警，运用先进的云计算与计算机学习技术，建立房屋多维度的变形模型，结合其他动态信息分析房屋生命周期内的变化，有效实现安全预警。

（六）实现房屋建筑承灾体调查常态化监测

房屋建筑承灾体调查数据成果，围绕国家重大战略和工程建设、生态管理、国土开发利用、城镇化建设等内容，确定具体的专题监测内容，适当扩展和丰富监测分类指标，融合经济、社会、人文信息等实现精细化专题监测。其监测可以以行政区划分为单元的，需监测城区轮廓范围、产业布局等内容；还可以以地表形变监测、灾害监测等为主要内容进行监测，主要是依据实际工作需要，以及相关热点内容要求等开展的。

（七）实现房屋建筑承灾体数据成果共享机制

（1）细化完善数据共享法规，加强房屋管理数据应用制度保障。对于房屋调查数据管理要求，在符合国家要求的基础上，协力推进数据共享法规的细化完善工作。同时，应制定海淀区数据共享实施方案，明确房屋调查数据开放领域、公开平台、监督体系、公众反馈等要求面，向科研院所设计、招标部分研究课题。此外，严格保密制度同时兼顾应用需求，优化房屋调查数据申请和使用政策，营造积极的数据共享应用政策环境。

（2）加强数据脱密脱敏技术研究，建立健全分类分级共享体系。房屋调查数据成果是国家重点保护的战略信息资源，在严格执行保密法规制度的同时，合理界定相关调查成果、核查成果、基础地理信息资料等的保密等级，明确政府部门、科研院所、企事业单位、社会公众对房屋调查数据申请、访问的权限及应用范围。针对不同密级的房屋建筑调查数据，抓紧立项研究分类脱密、脱敏的技术、标准，制定面向不同主体的房屋建筑调查数据申请条件和程序，研发脱密、脱敏信息的申请和查询平台。对政府部门细化管理、深化工作急需的数据，通过降精度、降尺度技术手段，分类向政府部门提供数据申请、访问和获取服务；对于经过脱密、脱敏处理后不存在应用风险的，可以规定共享对象、范围和使用方向，设定专门平台为科研机构和公众提供申请和访问便利。

（3）推动房屋建筑成果数据共享应用，细化落实海淀区全方位发展。利用房屋建筑成果数据，摸清海淀区疏解腾退空间数量、利用情况和产业转移与承接状况和问题，改进北京非首都功能疏解配套政策；在公共服务设施配套方面，依靠房屋建筑成果数据，识别学校、医院、图书馆、公用绿地等公共服务资源短板，更新织补城市设施，修复空间环境和景观风貌，提升城市特色和活力。

第六章 项目成果展示

第一节 调查数据成果

海淀区 29 个街镇实际调查近 19 万栋房屋建筑承灾体，涉及房屋建筑规模约 1.8 亿平方米，包括城镇房屋建筑承灾体调查成果和农村房屋建筑承灾体调查成果。

第二节 关联文件成果

关联文件成果主要为照片附件文件关联表，包含文件分组表（图 6 - 1）和文件表（图 6 - 2）。

📄 upload_file_group.xlsx	2022/6/6 13:13	XLSX 工作表	11,744 KB

（a）文件分组表名称

ID	update_time	yzpbh
e0acf93d2bd846b88e516a005e71025c	2022/4/4 13:58:00	110108000635772
96a8d7bd763f4812935d5cc062de76e4	2022/4/4 11:15:36	110108000635571
471127ba6f79488b8a87e80c93a757ba	2022/4/4 11:16:09	110108000635575
d5ded455d2ce4194ab8eafec10eaaece	2022/4/6 11:02:47	110108000646818
91317ab59dad4aef8135ae716d8d18fe	2022/4/6 11:02:47	110108000646819
74cc53adc0f74597a87e444d0ca8e4b5	2022/4/6 11:02:48	110108000646824
2f296565c04544d4b529961a3c390321	2021/12/30 10:48:11	110108000176851
4a3230092ffe46b78fb06df2437a161e	2021/12/30 11:18:27	110108000176918
8a91a01a83764a62bc7c77c924daaa98	2021/12/27 13:23:41	110108000174979
c8f8522326334f6588810c27708c71aa	2021/12/27 13:24:10	110108000174980
319f2edc7d1546cbab9897f18fa12506	2022/4/6 11:02:49	110108000646825
c6e078398c32408081b7023b7bfd3866	2022/4/4 13:57:20	110108000635770
1356b689342343d0a9ba8b39f6f738fb	2022/4/4 11:15:09	110108000635566
d237ed9740cc4ed79a30b67212799955	2022/4/6 11:02:46	110108000646815

（b）文件分组表内容

图 6 - 1　文件分组表示例

📄 upload_file.xlsx　　　　2022/6/6 13:12　　　XLSX 工作表　　　22,958 KB

（a）文件表名称

ID	file_name	file_path	group_id	extensio	yzpbh
a93edb2424273b89bc2808da160012	a93edb2424273b89bc2808da160012	110108029000/110108000635772	e0acf93d2bd846b88e516a005e71025	jpg	110108000635772
df9a700c3e273b895c1408da28e86a	df9a700c3e273b895c1408da28e86a	110108029000/110108000635772	e0acf93d2bd846b88e516a005e71025	jpg	110108000635772
bf36db2424273b89dcce08da15e965	bf36db2424273b89dcce08da15e963	110108029000/110108000635571	96a8d7bd763f4812935d5cc062de76e	jpg	110108000635571
f49b700c3e273b89242b08da28e96f	f49b700c3e273b89242b08da28e96f	110108029000/110108000635571	96a8d7bd763f4812935d5cc062de76e	jpg	110108000635571
d736db2424273b897dc808da15e97	d736db2424273b897dc808da15e97	110108029000/110108000635575	471127ba6f79488b8a87e80c93a757b	jpg	110108000635575
049c700c3e273b89e7e208da28e976	049c700c3e273b89e7e208da28e976	110108029000/110108000635575	471127ba6f79488b8a87e80c93a757b	jpg	110108000635575
47a700c3e273b89c97b08da28f3d4	47a700c3e273b89c97b08da28f3d4	110108029000/110108000646818	d5ded455d2ce4194ab8eafec10eaaec	jpg	110108000646818
48a4700c3e273b89588808da28f3d4	48a4700c3e273b89588808da28f3d4	110108029000/110108000646818	d5ded455d2ce4194ab8eafec10eaaec	jpg	110108000646818
59a4700c3e273b8939b308da28f3de	59a4700c3e273b8939b308da28f3de	110108029000/110108000646819	91317ab59dad4aef8135ae716d8d18l	jpg	110108000646819
58a4700c3e273b89a4bc08da28f3de	58a4700c3e273b89a4bc08da28f3de	110108029000/110108000646819	91317ab59dad4aef8135ae716d8d18l	jpg	110108000646819
78a7700c3e273b89fe7808da28f78e	78a7700c3e273b89fe7808da28f78e	110108029000/110108000646824	74cc53adc0f74597a87e444d0ca8e4l	jpg	110108000646824
79a7700c3e273b89eef808da28f78e	79a7700c3e273b89eef808da28f78e	110108029000/110108000646824	74cc53adc0f74597a87e444d0ca8e4l	jpg	110108000646824
98190bdc39273b89cf0b08da20485f	98190bdc39273b89cf0b08da20485f	110108029000/110108000176851	2f296565c04544d4b529961a3c39032	jpg	110108000176851
dd44db2424273b897d4608da160796	dd44db2424273b897d4608da160796	110108029000/110108000176851	2f296565c04544d4b529961a3c39032	jpg	110108000176851
9b190bdc39273b89667f08da20486	9b190bdc39273b89667f08da20486	110108029000/110108000176918	4a3230092ffe46b78fb06df2437a16l	jpg	110108000176918
9a190bdc39273b89f5908da20486	9a190bdc39273b89f5908da20486	110108029000/110108000176918	4a3230092ffe46b78fb06df2437a16l	jpg	110108000176918
5aa0700c3e273b89115c08da28eef	5aa0700c3e273b89115c08da28eef1	110108029000/110108000174979	8a91a01a83764a62bc7c77c924daaa9	jpg	110108000174979
59a0700c3e273b8902620b8da28eef	59a0700c3e273b8902620b8da28eef1	110108029000/110108000174979	8a91a01a83764a62bc7c77c924daaa9	jpg	110108000174979

（b）文件表内容

图 6-2　文件表示例

第三节　佐证照片成果

佐证照片成果包括照片文件列表（图 6-3）和约 47 万张照片（图 6-4）。

📄 照片文件列表.xlsx　　　　2022/6/6 13:13　　　XLSX 工作表　　　13,691 KB

（a）照片文件列表名称

主文件夹名称	子文件夹名称	文件名	后缀名
110108013000	110108000191226	5d96bc1c44273b894c6408d9d7fd8e1c	jpg
110108013000	110108000184945	5796bc1c44273b898f2108d9d7fd8622	jpg
110108013000	110108000182088	4f96bc1c44273b89c2c808d9d7fd715d	jpg
110108013000	110108000184946	4c96bc1c44273b89c45808d9d7fd7020	jpg
110108013000	110108000182893	4596bc1c44273b899caf08d9d7fd5c26	jpg
110108013000	110108000182894	3d96bc1c44273b89d7ad08d9d7fd4412	jpg
110108013000	110108000184106	3696bc1c44273b89488108d9d7fd30c8	jpg
110108013000	110108000182805	3396bc1c44273b89d0ec08d9d7fd2a96	jpg
110108013000	110108000184113	3096bc1c44273b89dc0808d9d7fd1df4	jpg
110108013000	110108000182795	2c96bc1c44273b89d40508d9d7fd1767	jpg
110108013000	110108000182892	2596bc1c44273b890ab108d9d7fd0aa2	jpg
110108013000	110108000182796	2296bc1c44273b89133e08d9d7fd0552	jpg
110108013000	110108000184115	1c96bc1c44273b89450e08d9d7fcf646	jpg
110108013000	110108000182797	1596bc1c44273b896e6808d9d7fceaf5	jpg
110108013000	110108000184114	1296bc1c44273b8906ce08d9d7fce3c9	jpg
110108013000	110108000182798	0c96bc1c44273b89d89808d9d7fcd91a	jpg
110108013000	110108000182891	0996bc1c44273b89ad9508d9d7fcc90c	jpg
110108013000	110108000182799	0696bc1c44273b89173c08d9d7fcc67a	jpg
110108013000	110108000182803	ff95bc1c44273b89b09d08d9d7fcb322	jpg
110108013000	110108000184116	f995bc1c44273b89177c08d9d7fcabdd	jpg
110108013000	110108000182801	f595bc1c44273b89615308d9d7fca02a	jpg
110108013000	110108000184117	ef95bc1c44273b894feb08d9d7fc8de7	jpg
110108013000	110108000182802	ec95bc1c44273b89232008d9d7fc8b46	jpg

（b）照片文件列表内容

图 6-3　照片文件列表示例

（a）佐证照片1　　　　　　　　　　　（b）佐证照片2

（c）佐证照片3　　　　　　　　　　　（d）佐证照片4

图6-4　房屋建筑承灾体佐证照片示例

第四节　文档材料成果

　　文档材料成果包括统计分析报告、工作报告、技术报告、质量检查报告。

　　统计分析报告内容包括房屋建筑总量分析、建筑年代统计、产权分类统计、承灾体结构分析、城市安全与灾害分析预测、房屋建筑运维与管理等。

　　工作报告内容包括工作完成情况、组织管理、组织实施情况、质量情况、生产总结、工作经验、总结与建议等。

　　技术报告内容包括资料情况、技术设计执行情况、质量情况、主要工作经验与建议等。

　　质量检查报告内容包括检查工作概况、成果概况、检查依据、检查内容与方法、主要质量问题及处理、质量综述等。

第七章 评价与应用

第一节 项目评价

一、房屋建筑承灾体调查数据为海淀区房屋安全工作提供了风险预警

房屋建筑承灾体调查数据通过填报是否专业设计、是否抗震加固、是否裂缝变形损伤、是否产权登记、是否安全鉴定等方面内容，可以对重点隐患提出预判和警示，根据房屋建筑承灾体调查数据的统计分析情况，结合辖区的特点，可以决定后续的房屋管理重点和对策。

基于后续数据管理网站信息平台，建立基础信息资源体系和管理与服务体系。各级主管部门通过系统，可实时掌握各地普查工作进展情况，实现对各地调查要素的统一调度、集中管理。提供高效、便利、自动化提取的调查手段，以提高房屋建筑承灾体调查工作的质量和效率。房屋建筑承灾体调查数据在城市抗震救灾、应急避险等工作部署方面起到辅助的作用。

二、房屋建筑承灾体调查数据为海淀区房屋安全工作提供了政策制定方向

通过海淀区辖区内房屋建筑承灾体调查工作，完成全区域范围内房屋建筑承灾体整体情况普查，形成现势性强、精度高、全覆盖的房屋建筑信息数据，服务于海淀分区规划、政策制定、公共资源配置等房屋管理工作，为房屋管理重点方向提供靶向。

第二节 成果应用

一、支撑海淀区危险房屋摸排工作

房屋建筑承灾体调查数据成果为海淀区 200 余栋危险房屋的摸排工作提

供了空间位置及属性信息，为保障人居环境提供了强有力数据支撑。海淀区
200余栋危险房屋统计如图7-1所示。

序号	所属街道（镇）	房屋名称	房屋地址	产权人（单位）	产权人联系方式	管理方联系人	管理方联系电话	鉴定结论	备注	鉴定时间
1	羊坊店	会城门	海淀区██羊坊店东路会城	国家工业和信息化部				C、D级	住	2019年5月6日
2	羊坊店	勘测处丙宿舍楼综合安全性鉴定	海淀区勘测处██	北京海房投资管理集团有限公司				Dsu	住	
3	羊坊店	勘测处乙宿舍楼综合安全性鉴定	海淀区勘测处乙██	北京海房投资管理集团有限公司				Dsu	住	
4	羊坊店	勘测处甲宿舍楼综合安全性鉴定	海淀区勘测处██	北京海房投资管理集团有限公司				Dsu	住	
5	羊坊店	北京铁路运输法院B座审判楼	北京市海淀区北京██甲██院	北京市高级人民法院				Deu级	非	
6	羊坊店	北京市海淀区羊坊店第四小学平房维修项目	海淀区羊坊店路██号	北京市海淀区教育委员会				Csu、Deu	非	
7	羊坊店	北京市海淀区羊坊店第四小██楼后平房	海淀区羊坊店路██号	北京市海淀区教育委员会				Csu、Deu	非	
8	羊坊店	北京市海淀区羊坊店第四小学██改造项目	海淀区羊坊店路██号	北京市海淀区教育委员会				Csu、Deu	非	
9	羊坊店	北京森力技术发展公司办公用房	海淀区复兴路2号	北京森力技术发展公司					非	
10	羊坊店	王██	小马厂65号	王██					住	
11	羊坊店	王██	小马厂65号	王██					住	
12	羊坊店	王██	小马厂65号	王██					住	
13	羊坊店	王██	小马厂65号	王██					住	

图7-1 海淀区200余栋危险房屋统计示例

二、支撑海淀区房屋管理工作

房屋建筑承灾体调查数据不仅呈现了房屋的空间位置矢量信息，还呈现
了房屋的面积、楼层、产权、结构等众多属性信息，其成果充分反映了房屋
建筑的现状，为房屋管理工作提供了基础的数据支撑。

房屋建筑承灾体调查数据为海淀区房屋全生命周期管理系统提供坚实的数据
基础。基于"智慧海淀"建设的总体要求，结合海淀区房管局优化房屋管理工作
的业务需求，进一步创新优质便民利民服务，提升辅助决策支持能力，提高房屋
精细化管理水平，迫切需要通过信息化技术手段，迅速实现"智慧海淀"要求的
统一架构、统一标准、集中部署、全区共享的房管数据库建设，从而满足各项社
会管理和社会服务的需要，为领导分析和决策提供准确数据支撑，为加强预警预
报和应急指挥，适应人民群众对政府社会服务能力不断提高的需求，实现房屋建
筑全尺度、全类型、全动态、全属性等综合特征信息呈现。

三、支撑房屋安全专项整治工作

以房屋建筑承灾体调查数据为基础，研发全市房屋安全专项整治应用平
台。开发房屋建筑数据采集工具，建立安全专项整治台账，创建排查、整治、
核查、督办、统计分析、辅助决策等功能，实现村民自建出租房消防安全综合
治理、城乡接合部重点村综合整治和自建房安全专项整治"三合一"工作全流
程闭环管理和统筹分析功能。全市房屋隐患统计界面如图7-2所示。

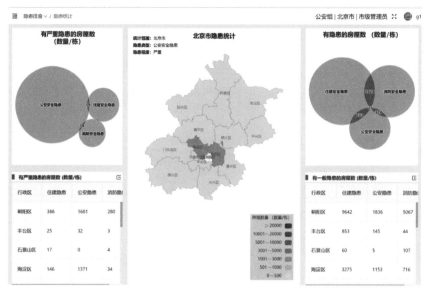

图 7-2　全市房屋隐患统计界面（参见文后彩图）

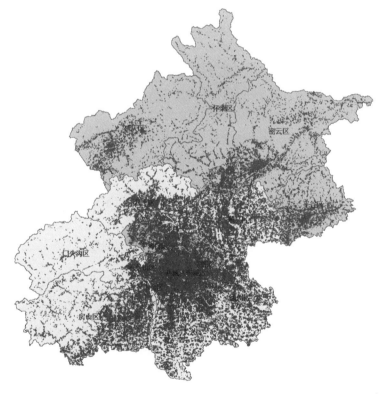

图 7-3　全市房屋一张底图空间分布图（参见文后彩图）

四、支撑全市房屋租赁平台建设

以全市房屋"一张图"为基础数据,充分利用房屋建筑承灾体调查数据以及北京市住房城乡建设委、北京市规划自然资源委等相关数据,通过叠加,建立全市房屋一张底图(图7-3),为全市各委办局共享共用。

附　　录

附录 A　城镇房屋属性值字典表

表 A-1　　　　　　　　　　　　　城镇房屋类别字典表

代码	房 屋 类 别
0110	城镇住宅房屋
0120	城镇非住宅房屋

表 A-2　　　　　　　　　　　　城镇房屋是否产权登记字典表

代码	是否产权登记
0	否
1	是

表 A-3　　　　　　　　　　　　城镇住宅结构类型字典表

代码	结 构 类 型
1	砌体结构
4	钢筋混凝土结构
5	钢结构
6	木结构
99999	其他

表 A-4　　　　　　　　城镇住宅二级结构类型（砌体结构）字典表

代码	二级结构类型（砌体结构）
3	底部框架-抗震墙结构砌体结构
99999	其他

表 A-5　　　　　　　　　　　城镇非住宅结构类型字典表

代码	结 构 类 型
1001	砌体结构
2003	钢筋混凝土结构
4	钢结构

续表

代码	结 构 类 型
5	木结构
99999	其他

表 A - 6　　　　城镇非住宅二级结构类型（砌体结构）字典表

代码	二级结构类型（砌体结构）
1	底部框架-抗震墙结构
2	内框架结构
3	其他

表 A - 7　　　　城镇非住宅二级结构类型（钢筋混凝土）字典表

代码	二级结构类型（钢筋混凝土）
1	单跨框架
2	非单跨框架

表 A - 8　　　　　　城镇非住宅房屋用途字典表

代码	房 屋 用 途
1001	中小学幼儿园教学楼宿舍楼等教育建筑
2	其他学校建筑
1003	医疗建筑
1004	福利院
1005	养老建筑
1006	疾控、消防等救灾建筑
17	纪念建筑
18	宗教建筑
1009	文化建筑
19	综合建筑
1011	商业建筑
1012	体育建筑
1013	通信电力交通邮电广播电视等基础设施建筑
14	工业建筑
15	办公建筑
16	仓储建筑
99999	其他

表 A－9　　　　城镇非住宅房屋用途（综合建筑）字典表

代码	房屋用途（综合建筑）
1	住宅和商业综合
2	办公和商业综合
99999	其他

表 A－10　　　　城镇非住宅房屋用途（文化建筑）字典表

代码	房屋用途（文化建筑）
1	剧院电影院音乐厅礼堂
2	图书馆文化馆
3	博物馆展览馆
4	档案馆
99999	其他

表 A－11　　　　城镇非住宅房屋用途（商业建筑）字典表

代码	房屋用途（商业建筑）
7	金融（银行）建筑
1	商场建筑
2	酒店旅馆建筑
3	餐饮建筑
99999	其他

表 A－12　　　　城镇非住宅房屋用途（办公建筑）字典表

代码	房屋用途（办公建筑）
1	科研实验楼
99999	其他

表 A－13　　　　城镇房屋是否采用减隔震字典表

代码	是否采用减隔震
1	减震
2	隔震
3	未采用
4	减震、隔震

表 A - 14　　　　　　　　城镇房屋是否保护性建筑字典表

代码	是否保护性建筑
0	否
1	全国重点文物保护建筑
2	省级文物保护建筑
3	市县级文物保护建筑
4	历史建筑

附录 B　农村住宅属性值字典表

表 B - 1　　　　　　　　农村住宅房屋类型字典表

代码	房　屋　类　型
1	独立住宅
2	集合住宅
4	住宅辅助用房

表 B - 2　　　　　　　　农村独立住宅结构类型字典表

代码	结　构　类　型
1	砖石结构
2	土木结构
3	混杂结构
4	窑洞
5	钢筋混凝土结构
6	钢结构
99	其他

表 B - 3　　　　　　　　农村集合住宅结构类型字典表

代码	结　构　类　型
1	砖石结构
5	钢筋混凝土结构
6	钢结构
99	其他

表 B - 4 　　　　　　　　　农村房屋鉴定结论字典表

代码	鉴 定 结 论
1	A 级
2	B 级
3	C 级
4	D 级

附录 C　农村非住宅属性值字典表

表 C - 1 　　　　　　　　　农村非住宅建筑用途字典表

代码	建 筑 用 途
1	教育设施
2	医疗卫生
3	行政办公
4	文化设施
5	养老服务
6	批发零售
7	餐饮服务
8	住宿宾馆
9	休闲娱乐
10	宗教场所
11	农贸市场
12	生产加工
13	仓储物流
99	其他

表 C - 2 　　　　　　　　　农村非住宅结构类型字典表

代码	结 构 类 型
1	砖石结构
2	土木结构
3	混杂结构
4	窑洞
5	钢筋混凝土结构

续表

代码	结 构 类 型
6	钢结构
99	其他

附录D 房屋建筑公用属性值字典表

表 D-1 是否专业设计建造字典表

代码	是否专业设计建造
0	否
1	是

表 D-2 是否进行过改造字典表

代码	是否进行过改造
0	否
1	是

表 D-3 是否进行抗震加固改造字典表

代码	是否进行抗震加固
0	否
1	是

表 D-4 有无肉眼可见明显裂缝、变形、倾斜字典表

代码	有无肉眼可见明显裂缝、变形、倾斜
0	无
1	有

表 D-5 有无物业管理字典表

代码	有无物业管理
0	无
1	有

表 D-6 是否进行专业设计字典表

代码	是否进行专业设计
0	否
1	是

表 D-7　　　　　　　　是否自行改扩建字典表

代码	是否自行改扩建
0	否
1	是

表 D-8　　　　　　　　是否经过安全鉴定字典表

代码	是否经过安全鉴定
0	否
1	是

表 D-9　　　　　　　　建 造 年 代 字 典 表

代码	建 造 年 代
1	1980 年及以前
2	1981—1990 年
3	1991—2000 年
4	2001—2010 年
5	2011—2015 年
6	2016 年及以后

表 D-10　　　　　　　　承 重 墙 体 字 典 表

代码	承 重 墙 体
1	砖
2	砌块
3	石

表 D-11　　　　　　　　楼 屋 盖 字 典 表

代码	楼 屋 盖
1	预制板
2	现浇板
3	木或轻钢楼屋盖
4	石板或石条

表 D-12　　　　　　　　土 木 结 构 二 级 类 字 典 表

代码	土 木 结 构 二 级 类
1	生土结构
2	木（竹）结构

表 D-13　　　　　　　　　　建 造 方 式 字 典 表

代码	建 造 方 式
1	自行建造
2	建筑工匠建造
3	有资质的施工队伍建造
99	其他

表 D-14　　　　　　　　农村房屋抗震构造措施字典表

代码	抗震构造措施
1	圈梁
2	构造柱
3	基础地圈梁
4	现浇钢筋混凝土楼、屋盖
5	木楼、屋盖房屋横墙间距不大于三开间
6	门窗间墙宽度不小于900mm
7	木屋盖设有剪刀撑
8	木屋盖与墙体有拉结措施

彩 图

N

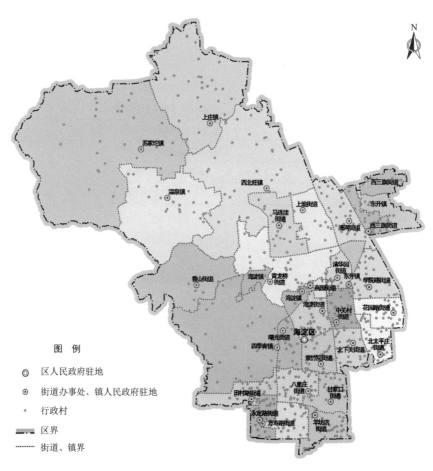

上庄镇

苏家坨镇

温泉镇

西北旺镇

西三旗街道

东升镇

西三旗街道

马连洼
街道

上地街道

清河街道

清华园
街道

东升镇

学院路街道

香山街道

海淀镇

青龙桥
街道

燕园街道

花园路街道

海淀街道

中关村
街道

晓光街道

四季青镇

北太平庄
街道

海淀区

北下关街道

紫竹院街道

田村路街道

八里庄
街道

甘家口
街道

永定路街道

万寿路街道

羊坊店
街道

图 例

◎ 区人民政府驻地

◉ 街道办事处、镇人民政府驻地

· 行政村

▬▬ 区界

┈┈ 街道、镇界

图 1-1 海淀区行政区划图

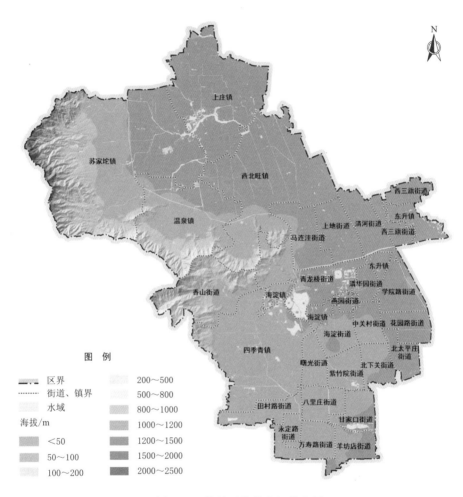

图例

区界
街道、镇界
水域
海拔/m

<50
50～100
100～200
200～500
500～800
800～1000
1000～1200
1200～1500
1500～2000
2000～2500

上庄镇

苏家坨镇

西北旺镇

西三旗街道

东升镇

温泉镇

上地街道
清河街道
西三旗街道

马连洼街道

东升镇

青龙桥街道
清华园街道
学院路街道

香山街道

海淀镇

燕园街道

海淀镇

中关村街道
花园路街道

海淀街道

四季青镇

曙光街道
北下关街道

北太平庄街道

紫竹院街道

田村路街道
八里庄街道

甘家口街道

永定路街道

万寿路街道
羊坊店街道

图 1-2　海淀区海拔分级分布图

173

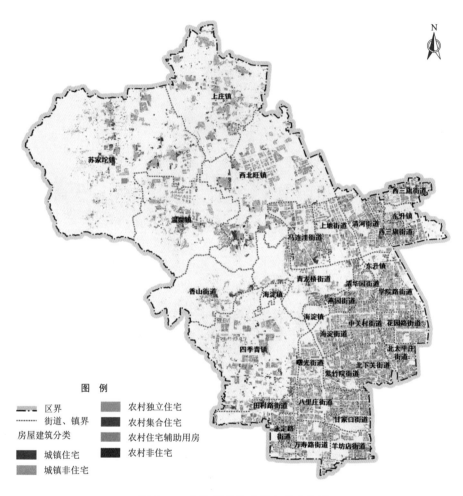

N

图例

区界

街道、镇界

房屋建筑分类

城镇住宅

城镇非住宅

农村独立住宅

农村集合住宅

农村住宅辅助用房

农村非住宅

上庄镇

苏家坨镇

西北旺镇

西三旗街道

永丰镇

温泉镇

上地街道 清河街道

西三旗街道

马连洼街道

东升镇

青龙桥街道

清华园街道

学院路街道

香山街道

海淀镇

燕园街道

海淀镇

中关村街道 花园路街道

海淀街道

北太平庄
街道

四季青镇

曙光街道

北下关街道

紫竹院街道

田村路街道

八里庄街道

甘家口街道

永定路
街道

万寿路街道 羊坊店街道

图1-3　海淀区单体建筑空间分布图

图 1-4　海淀区既有房屋建筑底账数据空间分布图

图 1-5 海淀区既有大平台数据空间分布图

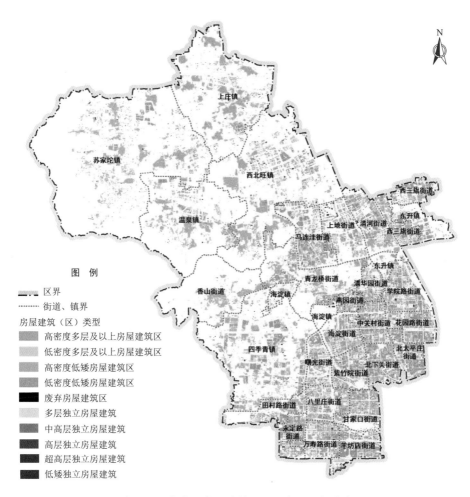

图 1-6 海淀区房屋建筑 (区) 类型空间分布图

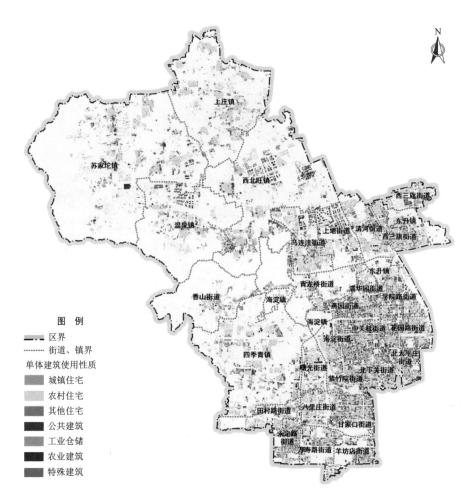

图1-7　海淀区房屋单体建筑空间分布图

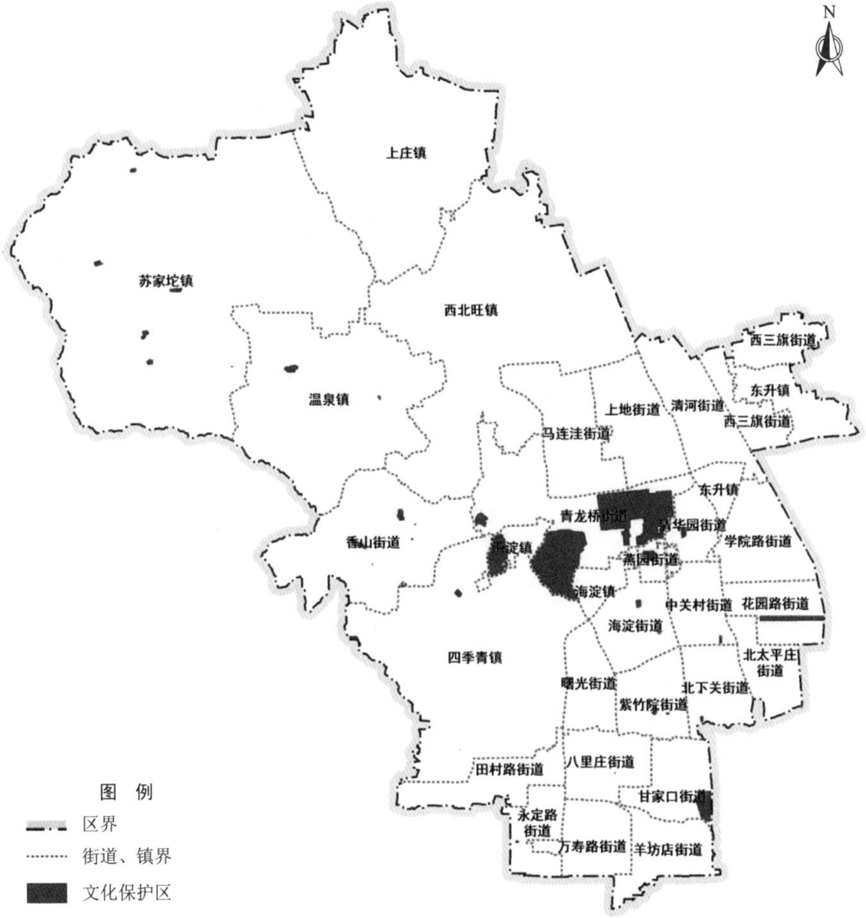
N
上庄镇
苏家坨镇
西北旺镇
温泉镇
西三旗街道
东升镇
上地街道
清河街道
西三旗街道
马连洼街道
东升镇
香山街道
青龙桥街道
清华园街道
学院路街道
海淀镇
燕园街道
海淀镇
中关村街道
花园路街道
海淀街道
四季青镇
北太平庄
街道
曙光街道
北下关街道
紫竹院街道
田村路街道
八里庄街道
甘家口街道
永定路
街道
万寿路街道
羊坊店街道
图 例
区界
街道、镇界
文化保护区

图 1-8　海淀区文化保护区空间分布图

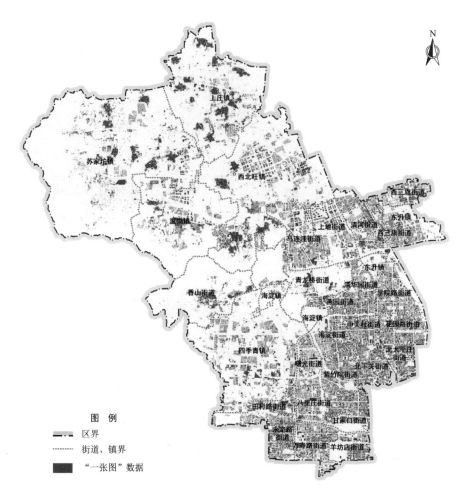

N

图 例

区界

街道、镇界

"一张图"数据

图1-9 海淀区"一张图"数据空间分布图

N

图 例
区界
街道、镇界
海淀区2020年12月分辨率为0.8米×0.8米卫星遥感影像

图 1-10　海淀区卫星遥感影像图

181

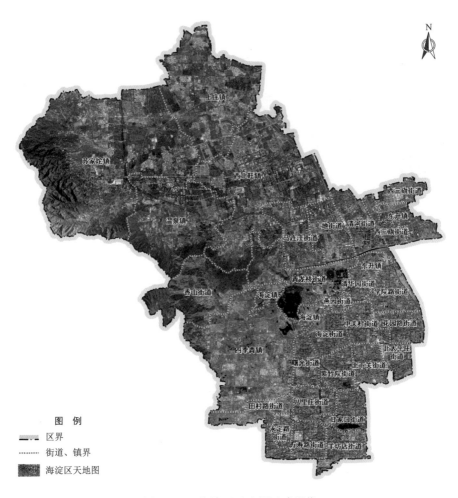

图 1-11 海淀区天地图遥感影像

182

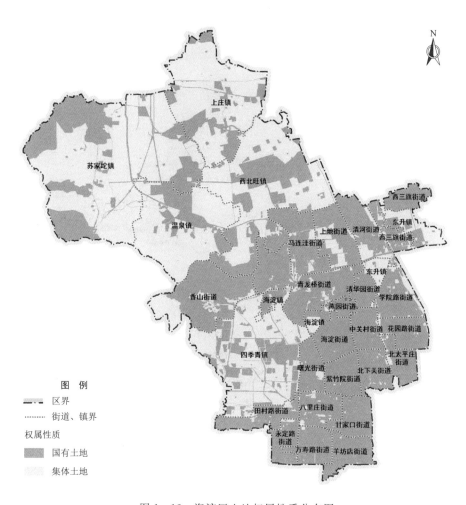

图1-12 海淀区土地权属性质分布图

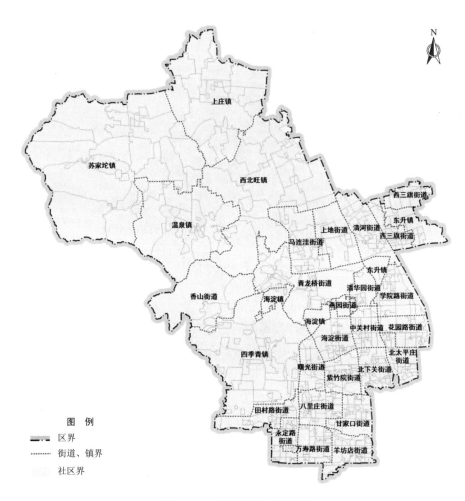

图 1-13　海淀区社区区划图

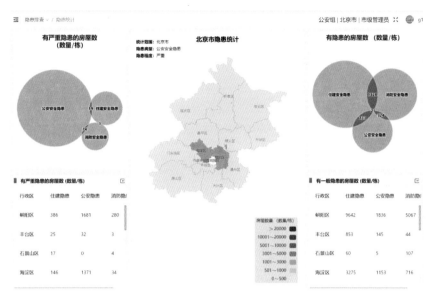

图 7-2　全市房屋隐患统计界面

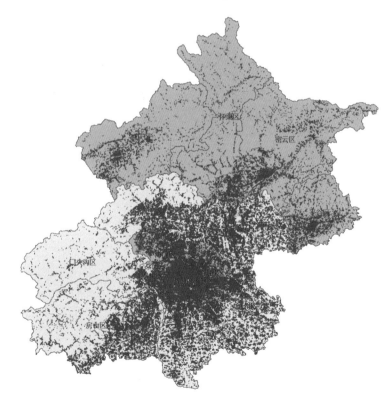

图 7-3　全市房屋一张底图空间分布图